Deepen Your Mind

Deepen Your Mind

洪錦魁簡介

一位跨越電腦作業系統與科技時代的電腦專家，著作等身的作家。

❑ DOS 時代他的代表作品是 IBM PC 組合語言、C、C++、Pascal、資料結構。
❑ Windows 時代他的代表作品是 Windows Programming 使用 C、Visual Basic。
❑ Internet 時代他的代表作品是網頁設計使用 HTML。
❑ 大數據時代他的代表作品是 R 語言邁向 Big Data 之路。
❑ 人工智慧時代他的代表作品是機器學習 + 數學、微積分 + Python 實作

作品曾被翻譯為簡體中文、馬來西亞文，英文，近年來作品則是在北京清華大學和台灣深智同步發行：

1：C、Java、Python 最強入門邁向頂尖高手之路王者歸來
2：OpenCV 影像創意邁向 AI 視覺王者歸來
3：Python 網路爬蟲：大數據擷取、清洗、儲存與分析王者歸來
4：演算法最強彩色圖鑑 + Python 程式實作王者歸來
5：網頁設計 HTML+CSS+JavaScript+jQuery+Bootstrap+Google Maps 王者歸來
6：機器學習彩色圖解 + 基礎數學、基礎微積分 + Python 實作王者歸來
7：R 語言邁向 Big Data 之路王者歸來、matplotlib 從 2D 到 3D 資料視覺化
8：Excel 完整學習、Excel 函數庫、Excel VBA 應用王者歸來
9：Python 操作 Excel 最強入門邁向辦公室自動化之路王者歸來
10：Power BI 最強入門 – 大數據視覺化 + 智慧決策 + 雲端分享王者歸來

洪錦魁先生著作最大的特色是，所有程式語法或是功能解說會依特性分類，同時以實用範例做解說，讓整本書淺顯易懂，讀者可以由他的著作事半功倍輕鬆掌握相關知識。2022 年上半年博客來電腦暢銷書排行榜，前 50 名有 9 本是洪錦魁先生的著作。

Notion
打造你的高效數位人生
王者歸來
序

　　Notion 是一個線上工具軟體，此工具整合了線上電子筆記本、資料庫、文件管理、團隊合作等功能，成為 2022 年打造個人高效數位人生最熱門的技能。

　　其實市面上這類書籍不多，部分書籍似乎隱藏了功能細節，不易學習。因此，筆者寫這本書時時銘記在心，要讓讀者用最輕鬆、快樂方式學會最完整的 Notion 知識，在此心境下，本書有兩大特色：

- ❏ 絕不藏私：讀者只要遵循本書實例，一定可以學會 Notion，同時未來應用到自己生活或工作上。
- ❏ 絕不吹牛：這本書內容共有 18 個主題，高達約 320 頁，主要是用實例一步一步引導讀者學習完整的 Notion 知識。

整本書籍包含下列內容：

- ❏ Notion 註冊
- ❏ 進入與離開 Notion
- ❏ 認識 Notion 頁面環境
- ❏ 操作 Notion 基礎知識
- ❏ 建立圖文並茂的頁面
- ❏ 認識頁面與子頁面
- ❏ 建立文字連結
- ❏ 建立表格資料
- ❏ 從入門到進階操作資料庫
- ❏ 我的著作融入資料庫
- ❏ 認識與建立範本
- ❏ 頁面匯出、上傳與下載

- ❏ Notion 小工具 – Indify
- ❏ 網頁擷取 Notion Web Clipper
- ❏ 頁面連結
- ❏ 資料庫連結與檢視
- ❏ 檔案分享
- ❏ 頁面分享與團隊作業
- ❏ 縮短網址產生器

一本書的誕生最重要價值是有系統傳播知識，讀者可以從有系統知識架構，輕鬆、快速學會想要的知識。

寫過許多的電腦書著作，本書沿襲筆者著作的特色，Notion 頁面實例豐富，相信讀者只要遵循本書內容必定可以在最短時間使用 Notion，打造你的高效數位人生。編著本書雖力求完美，但是學經歷不足，謬誤難免，尚祈讀者不吝指正。

洪錦魁 2022/10/20

jiinkwei@me.com

讀者資源下載

讀者可以從本書下載網址 https://bit.ly/3RXvGEo，取得書籍實例的素材檔案和書籍頁面實例。

Notion打造你的高效數位人生

- 📄 第1章：認識Notion
- 📄 第2章：操作Notion基礎知識
- 📄 第3章：Notion的頁面管理
- 📄 第4章：建立第一張頁面 - 南極之旅
- 📄 第5章：寫作計畫
- 📄 第6章：建立圖文並茂的頁面
- 📄 第7章：建立文字連結
- 📄 第8章：資料庫
- 📄 第9章：資料庫的進階操作
- 📄 第10章：資料庫實戰 - 我的著作
- 📄 第11章：認識與建立範本
- 📄 第12章：頁面匯出、上傳與下載
- 📄 第13章：Notion小工具 - Indify
- 📄 第14章：Notion Web Clipper
- 📄 第15章：頁面連結
- 📄 第16章：資料庫連結與檢視
- 📄 第17章：檔案的分享
- 📄 第18章：頁面分享與團隊作業

或是可以使用下列 QRcode 進入本書下載頁面。

臉書粉絲團

歡迎加入：王者歸來電腦專業圖書系列

歡迎加入：iCoding 程式語言讀書會 (Python, Java, C, C++, C#, JavaScript, 大數據, 人工智慧等不限)。

歡迎加入：穩健精實 AI 技術手作坊

從上述粉絲絲團，讀者可以不定期獲得本書籍和作者相關訊息。

目錄

目錄

第 3 章　Notion 頁面的管理

第 4 章　建立第一張頁面 - 南極之旅

第 5 章　寫作計畫

第 6 章 建立圖文並茂的頁面

第 7 章 建立文字連結

第 8 章　資料庫

目錄

第 11 章　認識與建立範本

第 12 章　頁面匯出、上傳與下載

第 13 章　Notion 小工具 - Indify

第 14 章　網頁擷取 Notion Web Clipper

第 15 章　頁面連結

第 16 章　資料庫連結與檢視

目錄

第 1 章
認識 Notion

Notion 是集合筆記、資料表格、看板、日曆與知識庫 … 等多功能的應用程式，也可以稱數位筆記本，這個數位筆記本可以單人使用，也支援多人或是組織跨平台協同操作。在資訊爆炸的時代，我們可能需要記住一件件的事物，才可以很有績效的處理個人事務或是工作事務，這本書會一步一步引導讀者學習使用 Notion 筆記本管理我們日常生活或是工作的事務。

1-1　Notion 的起源

Notion 是由 Notion labs, Inc. 公司 (位於美國加州的舊金山市) 於 2016 年發表的產品，主要的開發者是 Simon Last 和 Ivan Zhao，Notion 專案最初的構想是一個代碼製作應用，但是此專案以失敗收場，為此 Simon 和 Ivan 為了靜思產品的未來，兩人拋棄壓力遠離加州舊金山，前往日本京都自我放逐一年，靜思產品的未來，在沒有壓力的情況，Notion 的雛形被構思出來，京都的一年對兩位年經的科技工程師有很大的影響，例如：在網頁內容背景，可以看到許多日本浮世繪的圖片。

2016 年 3 月 Notion 1.0 正式在 Product Hunt 上發表，同時也獲得了 2016 年 Golden Kitty 獎，這是該年度 APP 評選獎項。

> 註　Product Hunt 是一個供用戶分享和發現產品的網站。

1-2　認識 Notion 網站與轉換中文環境

Notion 是一個數位筆記本，預設是英文環境，目前也有提供日文、韓文與法文，暫時沒有中文功能。不過使用 Chrome 瀏覽器開啟網頁時，我們可以使用 Google 的翻譯功能切換到中文環境。

可以使用下列網址進入 Notion 公司網頁。

https://www.notion.so/product

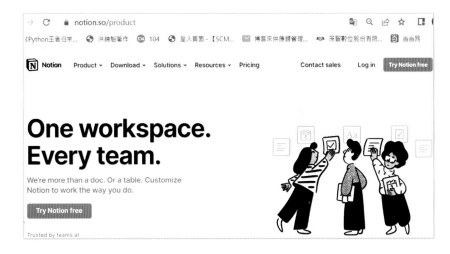

將滑鼠放在網頁，按一下滑鼠右鍵可以開啟網頁的快顯功能表，

執行翻譯成中文 (繁體) 指令，就可以將英文環境轉成中文環境。

　　相信讀者可以感受到比較親切的使用環境，這本書原則上將使用中文或英文環境解說，不過如果使用英文解說時，會在每個英文單字功能旁標註中文意義，方便讀者理解。註：如果想要恢復英文環境，可以點選瀏覽器左上方的重新載入鈕即可，可以參考下列畫面。

1-3 Notion 收費說明

　　在 Notion 官方網站上方有 Pricing(價錢) 欄位，點選後可以看到完整的收費功能表。

上述表格說明了不同版本軟體內容重點，收費重點如下：

個人的 (Personal) 版本：基本上是免費。

個人專業 (Personal Pro) 版：按年計費每月收 4 美元，按月計費每月 5 美元。

團隊 (Team) 版：按年計費每月收 8 美元，按月計費每月 10 美元。

企業版：費用需接洽銷售單位。

筆者建議先從個人免費版開始使用，如果需要更進一步使用則依上述規則繳交費用，一個好的軟體仍需要使用者付費才可以健全的發展。**註**：個人免費版有上傳 5M 檔案大小的限制。

1-4 Notion 適用規劃

為了推廣 Notion，讓使用者了解應如何使用 Notion，Notion 將使用者分成 11 大類別，同時規劃指導使用 Notion 的方式。

在 Notion 官方網站上方有 Solution(解決方案) 欄位，點選後可以看到 Notion 為不同使用者規劃使用 Notion 的觀念，下列將分成 11 小節說明。

1-4-1 企業 Enterprise

這是一款從企業角度認識 Notion，在這裡 Notion 會說明應如何完成下列工作。

☐ 企業理念，整個公司共享知識、交付項目與協同合作的工具。

☐ 與公司共同成長。

☐ 更靈活使用 Notion 的功能。

☐ 成功完成大規模的企業計劃。

☐ 瞭解其他團隊如何使用 Notion。

1-4-2　小本生意 Small Business

點選後可以看到下列說明。

- ❑ 在這裡 Notion 會教你如何建立更友好的團隊工作環境。
- ❑ 讓每一個人保持一致，更快的完成特定任務。
- ❑ 建立友善的數位辦公室。
- ❑ 讓所有人有一致的文檔，例如：會議記錄、目標規劃。
- ❑ 為每個團隊打造工程、產品或設計。
- ❑ 從模板 (template) 開始，可以使用預設，也可以自定義環境。

1-4-3　個人的 Personal

點選後可以看到下列說明。

- ❑ 在這裡 Notion 會教你如何規劃自己工作，提升自我。
- ❑ 隨時隨地使用 Notion 做筆記。

❑ 組織自己的生活大小事。

❑ 追蹤自己的工作進度或是寫作業。

❑ 在 Notion 環境動筆寫作。

❑ 提升自我的學習目標。

❑ Notion 頁面可以是公開訪問的網頁。

1-4-4　設計 Design

點選後可以看到下列說明。

❑ Notion 會教你如何騰出時間進行創意設計工作。

❑ 組織設計系統的每一個部分。

❑ 將你的設計在上下文中保持一致。

❑ 協助你建立自身的設計流程。

❑ 輕鬆遷移自己的設計工作。

1-4-5　工程 Engineering

點選後可以看到下列說明。

- ❑ Notion 會教你如何整合工作。
- ❑ 整合相關訊息，讓每個人瞭解他的工作。
- ❑ 所有重要工作流程皆很容易找到。
- ❑ 依據團隊風格建立精確的系統，
- ❑ 可以輕鬆遷移所有的工作。

1-4-6　產品 Product

點選後可以看到下列說明。

- ❑ Notion 會教你如何跨部門進行組織優化。
- ❑ 整合多部門的工作，大家可以查看進度狀況。
- ❑ 每個人接可以知道在哪裡找到所需資訊。
- ❑ 建立適合你或是團隊的流程。
- ❑ 可以輕鬆遷移所有的工作。

1-4-7　經理人 Managers

點選後可以看到下列說明。

❏ Notion 會教你如何定義工作流程以幫助你的團隊。

❏ 可以減少無意義的會議，每個團隊皆可輕鬆找到答案。

❏ 瞬間顯示相關訊息，可以減少電子郵件、會議，加快項目進度。

❏ 使用自定義工具，建立適合自己團隊的工具。

❏ 可以輕鬆遷移所有的工作。

1-4-8　初創公司 Startups

點選後可以看到下列說明。

❏ 建立一個人們喜歡的維基。

❏ 快速找到所需要的文檔。

❏ 以你的方式管理項目。

❏ 精準呈現你的故事。

❏ 適用你的系統的入門包。

1-4-9　遠程工作 Remote work

點選後可以看到下列說明。

❑ 無論身在何處，皆可以一起完成工作。

❑ 像在同一房間完成工作。

❑ 為每一個人提供相同的訊息。

❑ 在沒有會議的情況下仍可以讓項目持續進行。

❑ 開始使用 API。

❑ 更多遠程工作資源。

1-4-10　教育 Education

點選後可以看到下列說明。

- 學生和教師免費。

- 深受學生和教師喜愛，例如：南加大、芝加哥大學。

- 團隊、俱樂部和課程可享 50% 折扣。

- 學校和企業單位有優惠。

1-4-11　非營利組織 Nonprofits

點選後可以看到下列說明。

可享受 50% 折扣。

- Notion 受到全球 2000 多加非營利組織的支持與信賴。

- 列出申請步驟。

1-5 Notion 版本

Notion 的目前有提供 3 個版本：

1：電腦版：可以細分為 Windows 和 Mac 版。

2：手機版 APP：可以細分為 iOS 或是 Android 版。

3：網頁版：可以將資料儲存在網頁上。

電腦版和網頁版大致相同，當讀者使用下列網址進入 Notion 公司網頁。

https://www.notion.so/product

可以點選 Download 欄位，然後可以下載各種版本。

本書主要以 網頁版 為 **實例解說**。

1-6　Notion 註冊

在使用 Notion 軟體前需要註冊，同時選擇使用的免費或付費方案 (可以參考 1-3 節)，請輸入下列 Notion 的官方網頁網址：

https://www.notion.so/

可以看到下列畫面。

如果讀者有 Google 帳號或是 Apple 帳號，可以點選上述連動帳號的按鈕。如果讀者沒有 Google 帳號或是 Apple 帳號，則請輸入一般郵件帳號。

此 例，筆 者 有 Google 帳 號，所 以 筆 者 按 Continue with Google 項 目，接 著 Notion 會詢問一些問題，請依據自身情況回答，然後可以看到下列畫面。

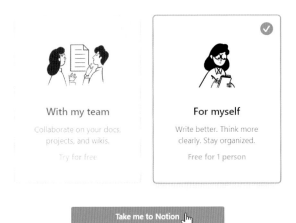

目前筆者暫時想自己測試此功能，所以筆者選擇 For myself，然後按 Take me to Notion 鈕，這時可以看到下列畫面。

預設是按 OK，這時 Notion 會自動建立預設的範本。如果按 templates，則 Notion 將不會建立預設的範本。下一章筆者會作完整解說，此時，建議讀者按預設的 OK，可以得到進入網頁版的 Notion 操作介面的畫面。

第 2 章
操作 Notion 基礎知識

2-1 Notion 操作環境概觀

第一次登入 Notion 成功後將看到下列操作環境。

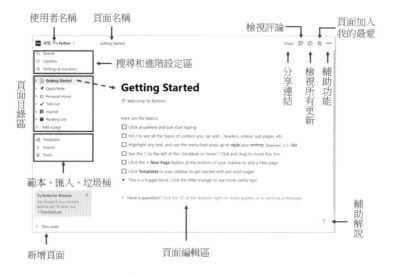

頁面目錄區就是我們建立的 Notion 筆記的目錄，也可以稱 Notion 標題，這也是你的工作區 (workspace)，第一次進入 Notion 所看到的目錄標題是 Notion 預設的範本。未來我們所建的 Notion 頁面標題會在這一區塊顯示。

> **註** 上述頁面目錄區又稱側邊欄。

目前目錄標題預選是 Getting Started，所以頁面編輯區顯示 Getting Started 的頁面內容，點選不同的目錄標題將看到不同的內容，下列是點選 Personal Home 的示範畫面。

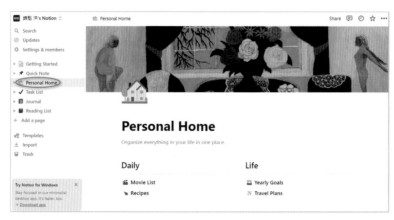

　　上述視窗右上方有 ••• ，點選後可以看到系列輔助功能，下列是原始英文功能與 Google 翻譯為中文的輔助功能說明，相信讀者可以由此中文翻譯比較清楚了解功能的意義。

　　上述滑鼠游標點選頁面其他空白區域可以結束顯示輔助功能，這個觀念適用所有 Notion 環境。

2-2　Getting Started 說明

　　進入 Notion 編輯區後可以看到頁面顯示 Getting Started。

Getting Started

Welcome to Notion!

Here are the basics:

☐ Click anywhere and just start typing
☐ Hit / to see all the types of content you can add - headers, videos, sub pages, etc.
☐ Highlight any text, and use the menu that pops up to style *your* ~~writing~~ however you like
☐ See the ⠿ to the left of this checkbox on hover? Click and drag to move this line
☐ Click the **+ New Page** button at the bottom of your sidebar to add a new page
☐ Click **Templates** in your sidebar to get started with pre-built pages
▶ This is a toggle block. Click the little triangle to see more useful tips!

Have a question? Click the ? at the bottom right for more guides, or to send us a message.

上述主要是說明操作 Notion 的方法，上述英文條目說明如下：

❑ 按兩下任意位置，然後開始輸入。

❑ 點擊 / 查看所有可以添加類型的內容、標題、視頻、子頁面。

❑ 可以使用快顯功能表凸顯所有文字。

❑ 看到複選框左側有圖示 ⠿ 時，可以按住和拖曳移動此列。

❑ 點擊下方的 + New Page 按鈕，可以添加新頁面。

❑ 點擊側邊欄的範本可以開始使用預建的頁面。

❑ 這是切換方塊，按一下圖示 ▶ 可以查看更多有用的提示。

2-3　離開與重新進入 Notion 工作區

2-3-1　離開個人 Notion 工作區

❑ **方法 1**

將滑鼠游標指向 Notion 視窗左上方使用者名稱右邊的圖示 ⇅，按一下，然後可以執行 Log out all 指令。

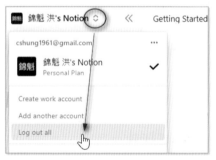

❑ **方法 2**

將滑鼠游標指向 Notion 視窗左上方使用者名稱右邊的圖示 ⇅，按一下，然後點選電子郵件右邊的圖示 ⋯，再執行 Log out 指令。

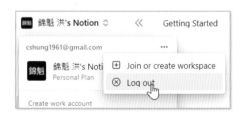

❑ 方法 3

這是很粗魯的方式，只要關閉此網頁就可以離開。

2-3-2 進入個人的 Notion 工作區

❑ 延伸 2-3-1 節方法 1 和方法 2

如果是使用 2-3-1 節方法 1 或方法 2 離開個人的 Notion 工作區後，可以回到 Notion 官網首頁。

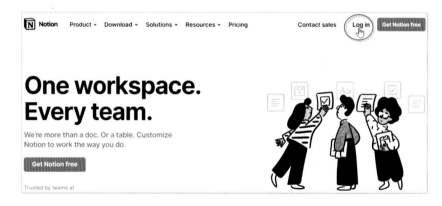

上述可以點選 Log in 欄位，可以看到 Log in 畫面。

讀者可以參考 1-6 節的登入方式，重新登入。筆者是使用 Google 帳號登入，所以此例可以點選 Continue with Google 重新登入。進入 Notion 後，可以由左上方的使用者名稱確認，已經進入自己的 Notion 環境了。

❑ 延伸 2-3-1 節方法 3

　　如果是使用關閉網頁方式離開 Notion，未來只要輸入 Notion 網頁的官方網址 https://www.notion.so，可以看到 Log in 畫面。

　　可以參考前面敘述，就可以重新進入自己的 Notion 環境。

　　如果讀者輸入 Notion 官方網頁首頁的內容區，如下所示：

　　　https://www.notion.so/product

　　未來可以在網頁上方看到 login 欄位。

　　點選就可以重新進入自己的 Notion 環境。

2-4　建立新的工作區 Workplace

　　一個登入帳號可以建立多個 Notion 工作區，讀者可以依據個人需要建立不同的工作區，也許依據工作內容、年度，或是使用 Notion 久了，厭倦目前工作區內容，也可以重新建立新的工作區，儲存新的工作。

建立新的工作區方法如下：

1：將滑鼠游標指向 Notion 視窗左上方使用者名稱右邊的圖示 ⌄，按一下，然後點選電子郵件右邊的圖示 ⋯，再執行 Join or create workspace 指令。

2：可以看到下列內容，請選擇 For myself。

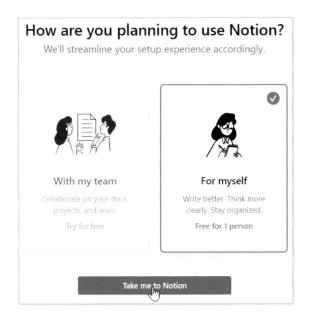

3：請點選 Take me to Notion，可以看到下列畫面。

4：在 1-6 節筆者有介紹上述畫面，如果讀者現在按 Clear templates，可以建立一個沒有範本的工作區，如下所示：

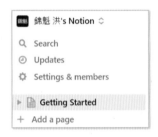

讀者可以看到 Getting Started 下方沒有頁面目錄標題，如果按一下使用者名稱右邊的圖示 ↕，可以看到兩個名稱相同的工作區。

上述有打勾 "✔" 的記號就是目前的工作區內容，相同的工作區名稱會讓使用者困擾，下一節會說明更改工作區名稱的方法。

2-5 更改工作區名稱

假設筆者想將前一小節建立的工作區名稱更改為 "MyNotion"，方法如下：

1：點選 Settings & members，可以參考下方左圖。

2：出現上方右邊的對話方塊，點選 Settings。

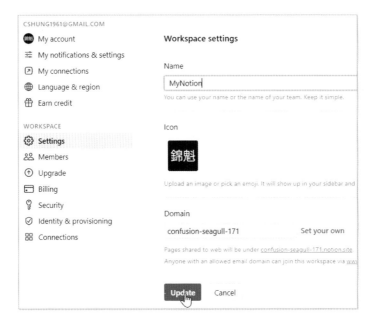

3：出現上述對話方塊，請在 Name 欄位輸入新的工作區名稱 MyNotion。

4：按 Update 鈕，可以得到更改工作區名稱的結果，可以參考下方左圖。

　　如果按一下使用者名稱右邊的圖示 ↕，可以看到兩個不同名稱的工作區，可以參考上方右圖，由上述可以驗證工作區名稱已經改為 MyNotion 了。

2-6 刪除工作區

一個工作區用久了，可能有許多雜亂的筆記與資料，如果想要刪除此工作區，可以參考下列實例。

1：點選 Settings & members，可以參考下方左圖。

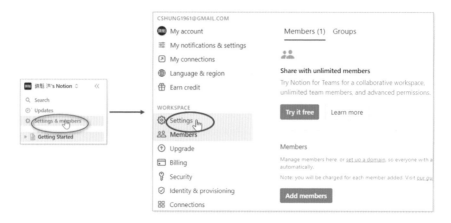

2：出現上方右邊的對話方塊，點選 Settings。

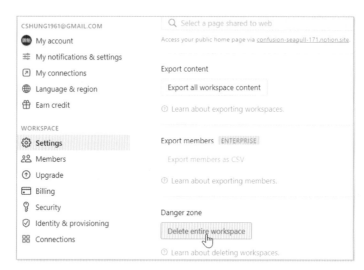

3：點選 Delete entire workspace。

4：請輸入 MyNotion，然後按 Permanently delete workspace，如同上述對話方塊的說明，這將永久刪除工作區，最後可以得到下方左圖的結果。

　　因為 MyNotion 工作區已經被刪除，所以自動跳至顯示原先的工作區，可以參考上方左圖，如果按圖示 ◌，然後參考上方右圖，可以更進一步驗證 MyNotion 工作區已經不存在了。

2-7 Notion 進階設定

在左邊欄的點選 Settings & members，可以執行進階設定。

2-7-1 My account

可以在此區域上傳個人照片、更改名稱、設定登入密碼、支持訪問、登出和刪除我的帳戶。下列是筆者上傳照片與更改名稱為洪錦魁的方法。

1：點選 My account。

2：按一下 Upload photo。

3：從資料夾選擇照片。

4：在 Preferred name 欄位輸入 " 洪錦魁 "。

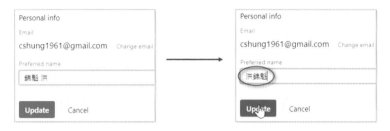

5：按 Update 鈕，完成後可以看到帳號圖片已經更改。

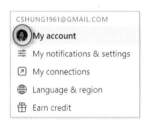

2-7-2 Change email

使用 Notion 過程如果更改 Email，例如：將個人帳號改為公司帳號，可以點選在 Personal info 欄位區電子郵件右邊的 Change email。

上述按 Send verfication code，可以看到要求輸入驗證碼，可以在原先電子郵件獲的驗證碼。

　　上述請輸入驗證碼，再按 Continue。下列是 Notion 公司所發送驗證碼的郵件範本。

　　建議讀者用複製方式輸入驗證碼，然後讀者會被要求輸入新的電子郵件。

2-7-3　Language & region

　　在台灣註冊帳號後預設是英文，可以使用這個欄位選擇韓文、日文 (Beta 版)、法文 (Beta 版)。

2-7-4　Settings - 更改工作區的圖片

　　在 2-5 節筆者講解更改工作區的名稱，當點選 Settings 時，也可以更改工作區的圖片，圖片可以是 Emojis、Icons 或是 Custom(可以自行傳送照片檔案)，下列是選擇 Emojis 的實例。

　　1：點選 Settings。

2：點選原先預設的圖示，選擇 Emojis 頁面，然後選擇 house building。

3：可以看到下列畫面。

4：按 Update 鈕，可以得到下列結果。

2-7-5　Settings - 建立個人風格的工作區

這一節基本上是 2-5 節和 2-7-4 節的組合，現在筆者要建立自己風格的 Notion，名稱是 " 洪錦魁的 Notion"，圖片是自己的照片。

1：點選 Settings。

2：在 Name 欄位輸入 " 洪錦魁的 Notion"。

3：點選 house building 的圖示，選擇 Custom 頁面。

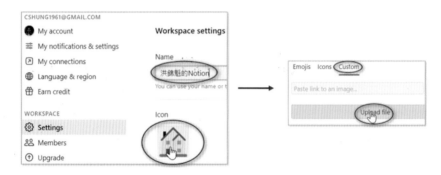

4：點選 Upload file，選擇個人圖片，可以得到下列畫面。

5：按 Update 鈕後，可以得到下列結果。

註 當一個帳號只有一個工作區，上述更改會將使用者名稱與工作區名稱同步更新，讀者可以參考上述結果。但是如果一個帳號有多個工作區，則上述修改將只針對工作區更新，可以參考 2-5 節。

2-7-6　Settings - Domain

團隊工作想要分享網域 (Domain) 可以使用本節的功能，預設的網域是一長串的英文不太好記，請一樣點選 Settings，請參考 Domain 欄位。

WORKSPACE	Icon

Settings
Members
Upgrade
Billing
Security
Identity & provisioning
Connections

Upload an image or pick an emoji. It will show up in your sidebar and notifications.

Domain

cooing-leo-f4d　　　　　Set your own

Pages shared to web will be under cooing-leo-f4d.notion.site.
Anyone with an allowed email domain can join this workspace via www.notion.so/cooing-leo-f4d

從上述可以看到筆者的網域如下：

cooing-leo-f4d

筆者可以使用下列網址分享。

cooing-leo-f4d.notion.site

團隊允許的電子郵件帳號可以使用下列網址餐與編輯工作區的文件。

www.notion.so/cooing-leolf4d

下列是將網域改為 2022-deepmind 的實例。

上述按 Update 鈕就可以了。

2-7-6　My notification & Settings

點選這個項目可以執行下列通知和環境設定。

Mobile push notifications：可以透過移動 APP 獲得推播通知。

Email notifications：可以透過電子郵件獲得推播通知。

Always send email notifications：始終發送電子郵件通知。

Appearance：目前外觀是 Light，也可以選擇 Dark，環境將變黑。

Open on start：進入 Notion 時顯示的頁面，預設是上次訪問的頁面。

Cookie settings：有關 Cookie 的設定。

例如：如果 Appearance 選擇 Dark，可以得到下列暗色的 Notion 環境。

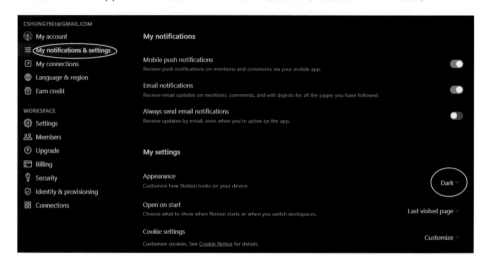

2-8　隱藏與顯示左側欄

2-8-1　隱藏左側欄

預設環境 Notion 頁面會顯示左側欄，如下所示：

按此圖示可以關閉左側欄

左側欄

　　將滑鼠游標移到使用者名稱,可以在右邊看到圖示 《 ,此圖示功能稱 Close sidebar,點選此圖示可以隱藏左側欄。

2-8-2　顯示左側欄

　　左側欄被隱藏後,如果將滑鼠游標移到頁面邊界可以顯示左側欄。如果要恢復固定顯示左側欄,可以將滑鼠游標移到頁面左上角,可以看到圖示 》 ,此圖示功能稱 Lock sidebar open,點選此圖示就可以復原顯示固定的左側欄。

按此圖示可以復原固定顯示左側欄

2-9　建立團隊工作區

　　當讀者使用 Notion 流暢後,可能會想要將 Notion 應用到建立團隊工作區,這時可以參考 2-4 節,但是在步驟 2,請選擇 With my team。

按 Continue，然後輸入團隊的工作區名稱，此例：輸入 " 深智公司 "。

請按 Continue，接著可以看到 Invite teammates，這是邀請團隊成員。

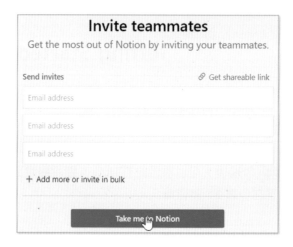

請輸入受邀成員的電子郵件，然後按 Take me to Notion。

第 3 章
Notion 頁面的管理

3-1 復原編輯動作 Undo

編輯頁面過程，如果發現錯誤，可以使用 Notion 的 Undo 功能取消此編輯動作，方法是按 Notion 右上方的圖示 ⋯ ，然後執行 Undo。

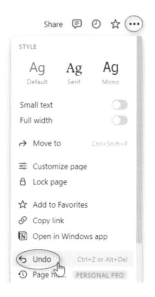

3-2 展開與摺疊圖示

在頁面目錄區每個目錄標題左邊有圖示 ▶ ，這個圖示稱展開圖示，點選此圖示可以展開此頁面的內容，如果該頁面底下沒有內容，則可以看到下列畫面。

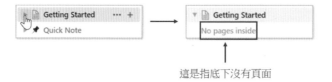

這是指底下沒有頁面

如果該頁面底下有內容，可以看到底下的頁面。

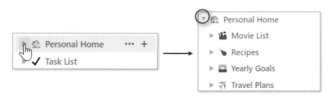

在上述實例中,當按了展開圖示後,可以看到展開圖示變為圖示▼,這個▼圖示稱折疊圖示,按一下折疊圖示▼可以隱藏該層次的頁面。

3-3 頁面與子頁面

在 Notion 頁面目錄區,每一個目錄標題稱頁面,頁面底下的頁面稱子頁面,可以參考下列說明。

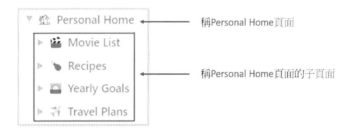

3-4 增加頁面 / 子頁面和標題名稱

3-4-1 增加頁面與建立頁面標題

在頁面目錄區下方可以看到 + Add a page,點選此可以在頁面目錄區增加頁面。

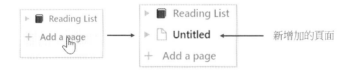

上述 Untitled 就是新增加的頁面,此頁面沒有名稱,Notion 會用 Untitled 當作暫時的名稱。建議為每個頁面增加標題,假設要建立 " 我的測試 " 標題,可以先點選 Untitle 頁面,然後在頁面編輯區的 Untitled 欄位輸入 " 我的測試 "。

列出標題名稱

3-4-2　增加子頁面與建立子頁面標題

　　將滑鼠游標指向一個頁面的右邊，可以看到圖示 ＋，點選後可以增加子頁面，假設要增加子頁面，此子頁面名稱是 " 小測試 "，可以先將滑鼠游標指向我的測試頁面標題，然後按一下最右邊的圖示 ＋。

　　然後在 Untitled 欄位輸入 " 小測試 "，可以得到上述結果。將滑鼠游標移到區塊外按一下，可以得到下列結果。

新增加的子頁面

　　可以看到增加子頁面 " 小測試 " 成功了。

3-4-3　用拖曳方式增加子頁面

　　我們也可以使用 + Add a page 先增加一個頁面，然後用拖曳方式將此頁面拖到一個頁面，變成該頁面的子頁面。例如：下列是圖例解說此一過程。

　　　增加頁面　　　　拖曳新增Untitled頁面　　　我的測試有
　　　　　　　　　　　到我的測試　　　　　　　新子頁面Untitled

註 3-12 節還會解說。

3-5 更改頁面標題圖示

頁面或是子頁面建立後，系統會有預設圖示。

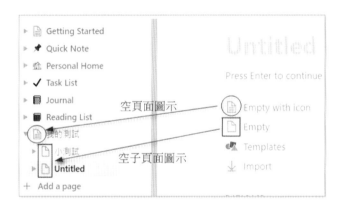

　　將滑鼠游標移至頁面或子頁面圖示，可以看到滑鼠游標是手形，同時標註 Change icon，按一下可以看到圖示表，在此表可以選用 Emojis、Icons 或是 Custom(可以使用圖檔) 當作圖示，可以參考下圖解說。

3-6 檢視我們的 Notion 視窗

現在我們已經建立了頁面與子頁面，同時為頁面增加了新圖示。如果現在點選頁面目錄區的我的測試頁面，這個動作相當於切換到我的測試頁面，可以看到下列結果。

3-7 頁面管理

將滑鼠游標移至頁面目錄區的某一頁面可以看到圖示 •••，將滑鼠游標移至此圖示，再按一下，可以看到頁面管理功能表。

或是將滑鼠游標移至頁面目錄區的頁面標題右邊，按一下滑鼠右鍵，也可以產生頁面管理功能表。

在上述我們可以執行系列管理頁面的功能。

Delete：刪除頁面。

Add to Favorite：加入我的最愛。

Duplicate：複製此頁面。

Copy link：複製連結。

Rename：更改頁面名稱。

Move to：移動頁面。

3-8 刪除與救回頁面 Delete

3-8-1　刪除頁面

　　使用 Notion 久了，有些頁面可能覺得不適合想要刪除，或是我們初次進入 Notion 時，可以在頁面目錄區看到 Notion 預設的範本頁面，如果想要刪除可以使用這個功能，下列是刪除我的測試頁面的實例：

　　1：請將先選取此我的測試頁面，然後開啟頁面功能表，然後選擇 Delete。

　　2：因為我的測試頁面已經被刪除了，所以頁面目錄區將看不到我的測試頁面。

　　註　刪除的頁面會在頁面目錄區的 Trash 頁面找到，後悔了可以救回。

3-8-2　救回被刪除的頁面

被刪除的頁面會出現在垃圾桶 (Trash)，點選此垃圾桶可以看到此頁面。

這時按圖示 ↰，可以救回被刪除的頁面。

3-8-3　永久刪除頁面

在垃圾桶 (Trash) 可以看到圖示 🗑，若是想刪除某一個頁面，按此圖示即可，例如：如果想要刪除 Python 數據科學影片檔頁面，請按此圖示。

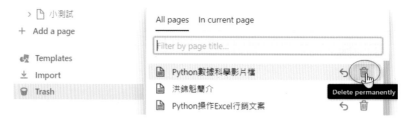

會出現提醒對話方塊。

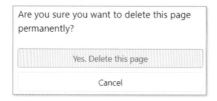

請按 Yes, Delete this page，即可永久刪除此頁面。

3-9 我的最愛 Favorites

使用 Notion 會有一系列的頁面產生，這時可以將比較常用的頁面設定為我的最愛，我的最愛頁面會在 Notion 側面欄位的上方顯示。

3-9-1 將頁面設定為我的最愛

下列是將我的測試頁面設為我的最愛的實例。

1：選取我的測試頁面。

2：將滑鼠移至圖示 ⋯⋯ ，按一下，然後選擇 Add to Favorites，可以參考下方左圖。

3：可以參考上方右圖。

3-9-2 頁面解除我的最愛設定

某個頁面設為我的最愛後，點選該頁面的圖示 ⋯⋯ ，原先的 Add to Favorites 將變為 Remove from Favorites，執行此可以將頁面解除我的最愛設定。下列是將我的測試頁面解除我的最愛設定。

3-10　複製頁面 Duplicate

某個頁面如果覺得不錯可以複製，所複製的頁面名稱右邊會有括號，括號內是複製的編號。點選要複製頁面右邊的圖示 ⋯，執行 Duplicate 就可以複製頁面。

3-11　更改頁面名稱 Rename

更改頁面名稱 (或稱標題) 方法有許多，例如：可以選擇此頁面，直接在頁面編輯區修改。這一節所述是使用頁面管理功能表的 Rename 修改，然後將小測試頁面名稱改為 Testing。點選要更改名稱頁面右邊的圖示 ⋯，執行 Rename 就可以輸入新的頁面名稱完成頁面重新命名，可以參考下列圖例。

3-12　移動頁面

Notion 可以移動頁面，讓頁面有一個新的位置，也可以將一個頁面移動成為一個頁面的子頁面。

❏ 移動讓頁面有新位置

假設想將我的測試頁面移動到 Quick Note 下方，在拖曳移動時必須出現藍色水平線才可方開，即可以達到移動的目的。

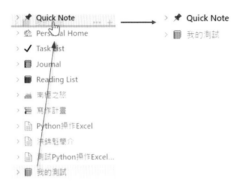

上述右邊是移動我的測試頁面的結果。

❏ 移動成為一個頁面的子頁面

假設想將我的測試頁面移動到 Quick Note 內，成為子頁面，在拖曳移動到此頁面，即可以達到成為子頁面的目的。

上述右邊是展開 Quick Note 頁面，可以看到移動成為子頁面的結果。

第 4 章
建立第一張頁面 - 南極之旅

前面 3 個章節讀者對於 Notion 的大環境應該有一定的基礎了，這一節將從建立實際頁面內容，講解編輯 Notion 內容的細節。

2015 年 12 月是北半球的冬天，在南半球則是夏天，這也是南極旅遊的季節，筆者一個人買了飛阿根廷的機票，和南極郵輪的船票，踏上南極之旅。這一章將使用 Notion 建立這個旅程，讀者也可以由此了解相關頁面的知識。學完本章內容，讀者可以建立下列頁面。

4-1 建立南極之旅頁面

4-1-1 建立南極之旅頁面

首先點選 + Add a page 建立一個空頁面，然後在 Untitled 輸入南極之旅。

4-1-2　建立南極之旅圖示

圖示的選擇可以搭配頁面內容，這也是頁面風格的一部份。3-4 節筆者有介紹一個方法可以建立圖示，這一節講解另一個方法，請將滑鼠游標移至標題南極之旅上方可以看到 Add icon，這個功能可以建立圖示，可以使用 Notion 預設圖示，也可以使用自建的圖示檔案。點選 Add icon 後，頁面會出現隨機圖示，下列是實例。

此例，隨機圖示不是筆者想要的，可以點選新的圖示，下列是選擇新圖示 passenger ship 的結果。註：Notion 每個圖示皆有一個名稱。

註　如果不喜歡此圖示想要刪除，可以點選圖示後，執行右上方的 Remove。

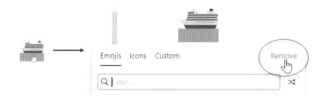

4-2 建立封面

架構頁面風格最重要的就是封面 (cover)，好的封面賞心悅目，讓自己有好心情與美好的回憶，圖片來源可以是下列幾種方式：

Gallery：Notion 的 Gallery 有提供系列精彩圖片可供選擇。

Upload：自行上傳圖片檔案 Upload。

Link：貼上圖片的網址。

Unsplash：連接 Unsplash 圖庫。

4-2-1　Add cover 建立隨機封面圖案

將滑鼠游標移到南極之旅標題上方可以看到 Add cover，點選此可以看到 Notion自動產生的隨機封面圖案。

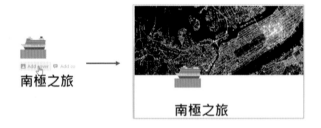

4-2-2　更改封面圖案的選項

將滑鼠移動封面任意位置可以看到 Change cover，點選可以選擇新圖案。

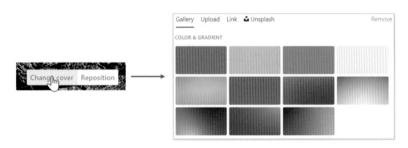

有 4 個選項分別如下：

❑ **Gallery** 選項的圖案

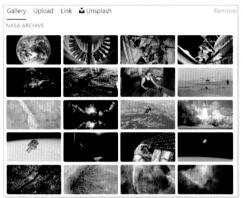 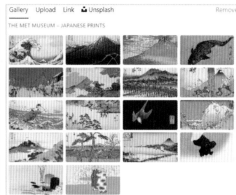

❑ **Upload** 檔案

點選 Upload file 可以選擇要下載的檔案。

註1 建議解析度是超過 1500 像素,可以有較佳的效果。

註2 個人版圖檔大小限制是 5M 以下。

❑ **Link** 檔案

請提供連結的檔案的網址,然後按 Submit。

❑　**Unsplash**

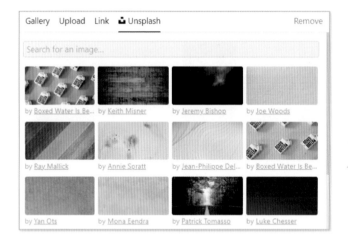

這是一個圖庫，點選後可以選擇圖案類別。

4-2-3　使用自己的圖案建立封面

下列是筆者選擇 Upload，點選 Upload file，再選擇 antarctic.png 的結果。

4-2-4　更動圖片位置 Reposition

　　由於封面區域是長條形，無法完整顯示圖片，將滑鼠游標移至封面可以看到
Reposition，點選 Reposition，滑鼠游標外型將變為  ，這時可以拖曳圖片，拖曳完
成後請點選 Save position。

> 註 如果不喜歡此封面想要刪除，可以 Change cover 後，執行右上方的 Re-
> move。

4-3　認識編輯頁面

4-3-1　認識 Notion 提示文字

　　如果現在檢視頁面內容，可以看到 Notion 提示文字。

　　上述是說明如果按 Enter 可以建立一個空白的頁面，或是可以上下移動選擇範本
(template) 當作頁面內容。註：或是滑鼠直接點選範本。

4-3-2　認識建立內容的圖示

　　Notion 建立內容是用區塊 (Block) 為單位，請先按 Enter 建立一個空白的區塊，這時可以看到下方左圖畫面，如果將滑鼠游標移到 Type '/' for commands 可以看到多了 2 個圖示 ＋ ⠿ 。

上述 2 個圖示功能如下：

＋：按一下可以在下方建立區塊。如果是 Mac 使用者在按一下時同時按住鍵盤的 Option，可以在右邊建立區塊。如果是 Windows 使用者在按一下時同時按住鍵盤的 Alt，可以在右邊建立區塊。

⠿：拖曳可以移動文字區塊，按一下可以開啟功能表。

註　對於一個頁面，如果有看到 Type '/' for commands，表示此區塊已經產生，表示可以直接在此建立內容。

4-4　認識頁面內容的區塊樣式

　　Notion 提供許多頁面內容的區塊樣式，將滑鼠游標移至 Type '/' for commands 左邊的圖示 ＋，再按一下，將看到可以建立的基本區塊 (Basic blocks) 樣式，如下：

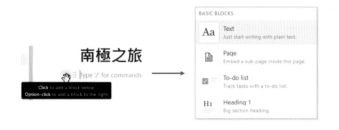

註　輸入 '/' 也可以產生上述基本區塊框，然後選擇區塊樣式。

　　上述將滑鼠游標移到個項目，可以看到各種區塊圖示、名稱、說明和實例。

註：讀者也可以輸入 '/' 加上區塊英文名稱前一個或幾個英文字母，會自動跳至該區塊。

❑ **Text**

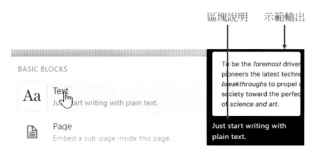

上述是建立一般文字段落。**註**：輸入 '/' 預設就是用此區塊。

❑ **Page**

這是建立子頁面。**註**：輸入 '/pa' 預設就是用此區塊。

❑ **To-do list**

這事待辦事項清單。**註**：輸入 '/t' 預設就是用此區塊。

❑ **Heading 1**

這是建立標題 1 區塊。**註**：輸入 '/h' 預設就是用此區塊。

❏ **Heading 2**

這是建立標題 2 區塊。註：輸入 '/h2' 預設就是用此區塊。

❏ **Heading 3**

這是建立標題 3 區塊。註：輸入 '/h3' 預設就是用此區塊。

❏ **Table**

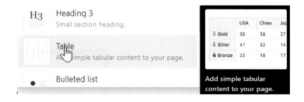

這是建立表格。註：輸入 '/ta' 預設就是用此區塊。

❏ **Bulleted list**

這是建立含圓點項目符號的文字段落。註：輸入 '/b' 預設就是用此區塊。

❏ **Numbered list**

這是建立含數字編號的文字段落。**註**：輸入 '/n' 預設就是用此區塊。

❏ **Toggle list**

這是建立可折疊與展開的文字。**註**：輸入 '/top' 預設就是用此區塊。

❏ **Quote**

這是建立引用文字。**註**：輸入 '/q' 預設就是用此區塊。

❏ **Divider**

這是建立區塊分隔線。**註**：輸入 '/di' 預設就是用此區塊。

❑ **Link to page**

建立現存頁面的連結。**註**：輸入 '/l' 預設就是用此區塊。

❑ **Callout**

建立標註文件。**註**：輸入 '/c' 預設就是用此區塊。

4-5 使用 Heading 3 建立頁面內容區塊

將滑鼠游標移至 Type / for commands 左邊，按一下圖示 ＋，接著按 Heading 3，請輸入 " 認識南極 "，輸入完按 Enter 鍵。

現在可以按一下 "/" 鍵，然後選擇區塊樣式 Heading 3，接著請輸入 " 郵輪上欣賞美景 "，輸入完按 Enter 鍵。重複這個步驟，輸入 " 我登上南極 "。下列是執行結果。

4-6　建立一般文字段落 Text

將滑鼠游標移至認識南極左邊,按一下圖示╋,接著選 Text。

可以在認識南極下方建立段落方塊,筆者在此段落輸入內容如下:

4-7　建立含數字編號的文字段落

將滑鼠游標移至郵輪上欣賞美景左邊,按一下圖示╋,接著選 Numbered list。

　然後分別輸入 " 永晝－午夜的太陽 ",按 Enter 鍵。輸入 " 南極的夕陽 ",按 Enter 鍵。最後再輸入 " 南極研究站 ",可以得到下列結果。

郵輪上欣賞美景
1. 永晝 - 午夜的太陽
2. 南極的夕陽
3. 南極研究站

4-8 建立含圓點項目符號的文字段落

將滑鼠游標移至 我登上南極 左邊，按一下圖示 ＋ ，接著選 Bulleted list。

然後分別輸入 " 探險船的殘骸 "，按 Enter 鍵。輸入 " 企鵝高速公路 "，按 Enter 鍵。最後再輸入 " 南極的郵局 "，可以得到下列整個頁面內容。

南極之旅

認識南極

南極大陸是地球上最晚被發現的地方，終年結冰。

郵輪上欣賞美景

1. 永晝 - 午夜的太陽
2. 南極的夕陽
3. 南極研究站

我登上南極

- 探險船的殘骸
- 企鵝高速公路
- 南極的郵局

4-9 套用文字樣式

當選取頁面文字後，可以看到文字樣式工具列，如下所示：

```
Heading 3 ～   ↗ Link ～   💬 Comment   B  i  U  S  <>  √x̄  A ～  @  •••
```

文字區塊樣式　建立文字連結　評論　粗體　斜體　底線　刪除線　標記為代碼　建立公式　文字、文字背景顏色　關聯人物、頁面、日期　系列功能表

4-9-1 建立粗體、斜體與底線文字

選取 " 南極 " 字串,再按粗體鈕 B ,取消選取字串,可以得到南極字串以粗體顯示。

選取 " 終年結冰 " ,再按 i 斜體鈕,取消選取字串,可以得到終年結冰字串以斜體顯示。

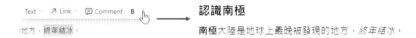

底線功能用法類似,讀者可以自我練習。

4-9-2 文字 / 文字背景顏色

選取文字後,再按 A ∨ 鈕,可以設定所選文字的顏色或是文字背景顏色。

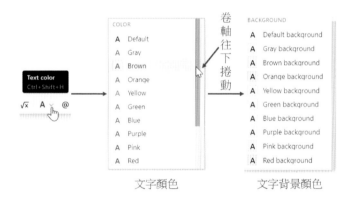

文字顏色　　　　　　文字背景顏色

下列是選取 " 午夜的太陽 " 字串,文字顏色 (COLOR) 選擇藍色的結果。

下列是選取 " 南極的夕陽 " 字串,背景顏色 (BACKGROUND) 選擇橘色的結果。

4-10 頁面字型

Notion 的頁面字型有 3 種，分別是 Default、Serif 和 Mono，Default 是預設字型，將滑鼠游標按一下視窗右上方的圖示 •••，可以看到這 3 個字型。

讀者可以點選上述字型圖示更改 Notion 頁面的字型。

4-11 小字型 Small text 與頁面寬度 Full width

點選 Notion 右上方的圖示 ••• 可以看到 Small text 和 Full width 功能。

4-11-1 Small text

Notion 頁面預設是使用正常字體大小，點選 Small text 的圖示 ⬭，可以讓頁面使用比較小的字體大小。當正常字體大小時圖示是 ⬭，按一下可以改為比較小的字體大小，此時圖示是 ⬤。

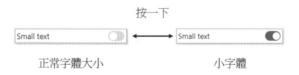

讀者可以測試，可以發現字體大小有變化。

4-11-2 Full width

Notion 的預設環境是不使用全視窗寬度,點選 Full width 的圖示 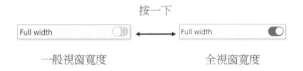 ,可以讓頁面使用全視窗寬度顯示頁面內容。

按一下

一般視窗寬度　　　　　　　全視窗寬度

讀者可以測試,可以發現頁面文字佈局有變化。

4-12 頁面分享

Notion 建立的頁面可以執行分享,分享方式有 2 種:

1:有連結的人皆可以開啟。

2:特定郵件帳號可以開啟

分享觀念有了之後,接下來是設定開啟權限。頁面右上方有 Share,點選可以看到下列畫面。

📝 本書第 15 – 18 章會有更完整的實例解說。

4-12-1 分享頁面連結

要分享頁面連結如下:

1:按一下頁面右上方的 Share。

2:設定 Share to web。

3:設定分享頁面的開啟權限。

步驟 1

步驟 3

步驟 2, 設定
開啟權限

4：按一下 Copy web link，當按一下後此連結會被拷貝製剪貼簿。

有關分享開啟權限的說明如下：

Allow editing：允許編輯。

Allow comments：允許加註解。

Allow duplicate as template：允許複製此頁面，成為自己帳號的範本。

Search engine indexing：網路搜尋引擎可以搜尋到此頁面。

4-12-2　分享頁面給指定的人

要分享頁面給指定的人，則需先輸入這些人的帳號，然後設定分享方式，這時可以看到下列內容。

1：輸入分享者的帳號。

2：按一下分享者帳號右邊的 Can edit，設定開啟權限。

步驟 1, 輸入分享對象的帳號

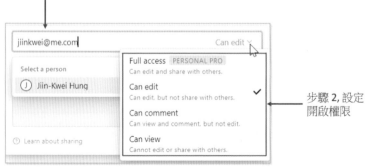

步驟 2, 設定
開啟權限

3：結束顯示開啟權限方框，可以得到下列畫面。

4：按 Invite。

5：完成分享後可以在按 Share 後，在下方看到分享帳號和開啟權限。

被邀請者會收到電子郵件，然後可以檢視此頁面。

分享開啟權限的說明如下：

Full access：可以編輯和分享給他人。

Can edit：可以編輯，但是不能分享給他人。

Can comment：可以加評論，但是不能編輯。

Can view：可以看，但是不能編輯和分享。

4-12-3　Shared 目錄

當有分享頁面後，Notion 會在頁面目錄區建立 Shared 目錄，在此可以看到已經分享的頁面。

4-13 編輯紀錄

　　每次編輯時 Notion 皆會記錄時間，可以點選右上方的 View all updates 圖示 🕐 ，得到所有的編輯紀錄。

註 如果是付費版本，可以點選恢復到之前的版本。

4-14　再談我的最愛

　　3-9 節有說明將頁面加入我的最愛，也可以點選視窗右上方的圖示 •••，然後執行 Add to Favorites，將頁面加入我的最愛。

　　更多細節讀者可以參考 3-9 節。

第 5 章
寫作計畫

這一章筆者將建立寫作計畫頁面，說明 Notion 建立表格 (Table)、待辦事項 (To-do list) 和引用 (Quote) 的方法。學完本章內容，讀者可以建立下列頁面。

5-1　先前準備工作

請讀者依次建立下列頁面內容。

1：建立寫作計畫頁面標題。

2：建立圖示。

3：建立封面。

然後可以得到下列頁面內容。

5-2　建立寫作計畫標題內容

這一節將從建立一般文字段落 (Text)，然後套用文字樣式，改為標題 3(Heading 3) 樣式，主要目的是讓讀者知道建立段落文字後，未來也可以用文字區塊樣式轉換區塊樣式。

5-2-1　建立文字段落

請將滑鼠游標移到 Type / for commands 左邊，按一下圖示 ＋ ，接著選 Text，再按一下，請輸入 "2022 年的著作 "，輸入完按 Enter 鍵。重複這個步驟，輸入 "2023 年研究計劃 "，再度重複這個步驟，輸入 "2023 年寫作計劃 "，可以得到下列結果。

5-2-2　將文字段落轉為標題 3 (Heading 3)

請選取 "2022 年的著作 "，會出現文字樣式工具列，請點選文字區塊樣式工具列的 Heading 3，取消選取文字，可以得到 "2022 年的著作 " 已經更改為標題 3 樣式了。

將上述實例重複應用在其他 Heading 3 格式的字串，可以得到下列結果。

5-3 建立表格

5-3-1 建立表格

這一個實例是在 "2022 年的著作 " 下方建立表格資料的文字區塊，請將滑鼠游標移到字串 "2022 年的著作 " 左邊，按一下圖示 ＋ ，接著選 Table，再按一下，可以得到下列結果。

系統建立預設3x2的表格

系統預設是建立 3 x 2 的表格，3 是代表 3 列，2 是代表 2 欄位。

5-3-2 更改表格的欄位數

將滑鼠游標移到表格右邊可以看到欄位線。

欄位線
按一下可以增加欄
往右拖曳可以增加欄
往左拖曳可以減少欄

在此請將欄位數改為 3 欄，可以得到下列結果。

按一下

5-3-3 更改表格的列數

將滑鼠游標移到表格下邊可以看到下方有列線。

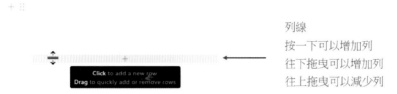

列線
按一下可以增加列
往下拖曳可以增加列
往上拖曳可以減少列

5-3-4 建立欄標題區

將滑鼠游標點選任一個表格的儲存格，可以看到表格工具列，其中 Options 功能可以將每一列的第 1 欄建立成欄標題區，欄標題區預設的背景顏色是淺灰色底色。

按一下Options

點選 Header column 右邊的圖示 ，可以得到圖示變為 ，同時表格左邊第 1 欄儲存格區間的背景顏色就設為淺灰色了。

標題欄區

5-3-5　建立列標題區

點選 Header row 右邊的圖示 ⬤️，可以得到圖示變為 ⬤️，同時表格上邊第 1
列儲存格區間的背景顏色就設為淺灰色了。

標題列區

5-4 輸入與編輯表格資料

5-4-1　輸入表格資料

請將插入點移到每個儲存格輸入資料，內容如下：

2022年的著作

出版日期	出版社	書名
2022年1月	深智數位	Open CV影像創意邁向AI視覺
2022年7月	深智數位	Python操作Excel

當輸入比較長的資料, 會自動增加欄位寬度

5-4-2　認識欄和列功能圖示

我們可以參考 4-10 節套用文字樣式的觀念，選取每個儲存格的字串設定字串的
格式。不過，Notion 有提供以欄或列為單位編輯表格，當將滑鼠游標移至某個儲存格
時，可以看到欄功能圖示 ⋮⋮⋮ 和列功能圖示 ⋮⋮ ，點選可以看到編輯功能表：

❑ 欄功能圖示

欄功能圖示的編輯功能是以欄為單位編輯。

❑ 列功能圖示

5-4-3 編輯實例

下列是編輯標題欄的底色是橘色的實例。

1：將滑鼠游標移至標題欄任一儲存格。

2：按一下欄功能圖示。

3：執行 Color/Orange background。

4：可以得到下列結果。

2022年的著作

出版日期	出版社	書名
2022年1月	深智數位	Open CV影像創意邁向AI視覺
2022年7月	深智數位	Python操作Excel

5-4-4　設定表格佔滿頁面

　　5-3-4 節有介紹將滑鼠游標放置在表格的儲存格內，可以看到表格工具列，在此工具列有 Fit table to page width 圖示↔。按一下此圖示，可以讓表格佔滿整個頁面，下列是執行結果。

2022年的著作

出版日期	出版社	書名
2022年1月	深智數位	Open CV影像創意邁向AI視覺
2022年7月	深智數位	Python操作Excel

4-1 節有介紹復原編輯動作 (Undo)，讀者可以執行此功能，獲得下列復原結果。

2022年的著作

出版日期	出版社	書名
2022年1月	深智數位	Open CV影像創意邁向AI視覺
2022年7月	深智數位	Python操作Excel

5-5 建立多欄位的版面

至今我們所建立的版面皆是單一欄位，這一節將講解多欄位的版面設計，讀者未來可以更靈活編排 Notion 版面，目前有 2023 年研究計畫和 2023 年寫作計畫 2 個區塊如下：

2023年研究計畫

2023年寫作計畫

現在想將上述 1 個欄位的 2 個區塊改為 2 個欄位，步驟如下：

1：選取上述 2 個區塊。

2：將滑鼠游標移至圖示 ⠿ ，按一下滑鼠右鍵，執行 Turn into/Columns。

3：現在可以得到多欄位的版面了。

5-6 建立待辦事項

5-6-1 建立 2023 年研究計畫的待辦事項

這節是講解在 "2023 年研究計劃 " 下方建立待辦事項資料的文字區塊，請將滑鼠游標移到字串 "2023 年研究計劃 " 左邊，按一下圖示 ＋ ，接著選 To-do list，再按一下，可以得到下列結果。

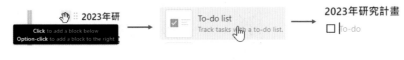

請建立 2 個待辦事項，可以得到下列結果。

2023年研究計畫

☐ To-do

☐ To-do

下列是輸入 2023 年研究計畫的內容。

2023年研究計畫

☐ Visual C#

☐ 機器學習與深度學習

5-6-2 建立 2023 年寫作計畫的待辦事項

請參考前一小節的內容，為 2023 年寫作計畫建立 2 個待辦事項，同時輸入 2023 年寫作計畫的內容，可以得到下列結果。

2023年寫作計畫

☐ Visual C#最強入門

☐ 機器學習 數學+統計+微積分

下列是整個頁面的結果。

寫作計畫

2022年的著作

出版日期	出版社	書名
2022年1月	深智數位	Open CV影像創意邁向AI視覺
2022年7月	深智數位	Python操作Excel

2023年研究計畫

☐ Visual C++
☐ 機器學習與深度學習

2023年寫作計畫

☐ Visual C++最強入門
☐ 機器學習 數學+統計+微積分

5-6-3 待辦事項的核對框

待辦事項有核對框，如果此事項完成，可以點選此框，下列是點選 Visual C++ 框的結果。

5-7 更改欄位寬度

對於 2023 年研究計畫和 2023 年寫作計畫，這是兩個欄位，寬度預設是平均分佈，若是將滑鼠游標移到 2023 年寫作計畫可以看到垂直的欄位分割線，如下所示：

此時拖曳可以更改欄位寬度，讀者可以自己嘗試。

5-8　建立區塊分隔線

有時候也可以在上下區塊間建立區塊分隔線，可以得到比較好的視覺效果，請將滑鼠游標放在表格左邊的圖示＋，按一下，再選擇 Divider。

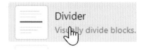

可以得到下列結果，系統會自動在區塊分隔線下方建立一個沒有資料的區塊，如下所示：

請刪除上述沒有資料的區塊，最後可以得到下列結果。

第 6 章
建立圖文並茂的頁面

　　這一章首先說明從 Word 載入文件，然後利用此文件講解建立可摺疊文件 (Toggle list)、引用 (Quote)、頁面 (Page) 和插入圖片的相關知識。所插入的 Word 文件檔名是 Python 操作 Excel，內容如下：

> 書籍資料
> 出版社：深智數位
> 頁數：416 頁
> 印刷：全彩
> 讀者資源
> 程式實例
> 書籍程式素材
> 作業電子書
> 內容簡介
> 全書有 23 個主題
> 339 個程式實例
> 這是一本講解用 Python 操作 Excel 工作表的入門書籍，也是目前市面上這方面知識最完整的書籍。整本書從最基礎的活頁簿、工作表說起，逐漸邁入操作工作表、美化工作表、分析工作表資料、將資料以圖表表達，最後講解將 Excel 工作表存成 PDF，以達成未來辦公室自動化的目的。

最後可以建立下列內容的頁面。

6-1 插入 Word 文件

Notion 允許我們可以使用 Word 建立內容，然後將此檔案插入，Word 的檔案名稱會成為頁面的預設名稱，同時 Notion 會依 Word 的格是呈現版面。這一節所要載入的 Word 檔案名稱是 Python 操作 Excel，在 ch6 資料夾可以看到此檔案，整個實例如下：

1：按一下 + Add a page。

2：按一下 Import。

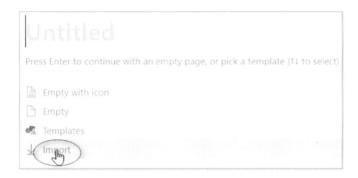

3：出現 Import 對話方塊，請點選 Word。

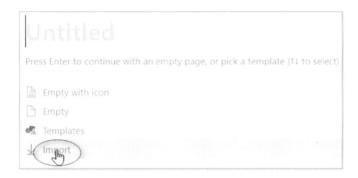

　　4：出現開啟對話方塊，選擇 ch6 資料夾的 Python 操作 Excel 檔案。

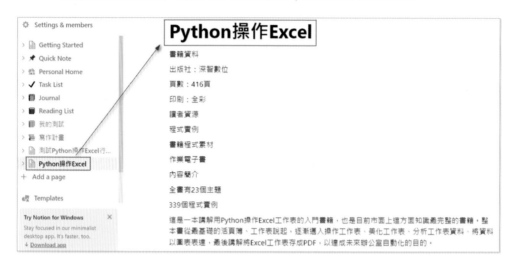

　　從上述可以看到檔案名稱自動變為頁面標題，如果要改頁面標題，也可以在頁面上直接修改，此例筆者不作修改。

6-2　將字串改為 Heading 3 標題

　　上述所載入的 Word 檔案內容，會被 Notion 視為是同一區塊的內容，如果要建立摺疊文件，必須先將內容主體段落改為標題 (Heading)。下列是書籍資料字串改為 Heading 3 格式。

　　1：將滑鼠游標放在書籍字串左邊的圖示 ⠿。

　　2：按一下，選擇執行 Turn into/Heading 3。

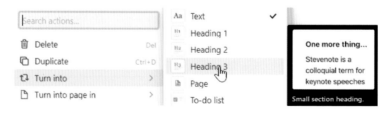

3：可以得到下列結果。

Python操作Excel

書籍資料

出版社：深智數位

頁數：416頁

印刷：全彩

讀者資源

請參考上述觀念，將讀者資源和內容簡介字串，也改為 Heading 3 格式，可以得到下列結果。

Python操作Excel

書籍資料

出版社：深智數位

頁數：416頁

印刷：全彩

讀者資源

程式實例

書籍程式素材

作業電子書

內容簡介

全書有23個主題

339個程式實例

這是一本講解用Python操作Excel工作表的入門書籍，也是目前市面上這方面知識最完整的書籍。整本書從最基礎的活頁簿、工作表說起，逐漸邁入操作工作表、美化工作表、分析工作表資料、將資料以圖表表達，最後講解將Excel工作表存成PDF，以達成未來辦公室自動化的目的。

6-3 建立可摺疊列表 Toggle list

6-3-1 建立 Toggle Heading 3 可摺疊列表

將文件折疊可以顯示更多內容，同時也可以凸顯主題，下列是建立書籍資料為 Toggle Heading 3 可摺疊列表的實例。

1：將滑鼠游標放在書籍字串左邊的圖示 ⠿。

2：按一下，選擇執行 Turn into/Toggle Heading 3。

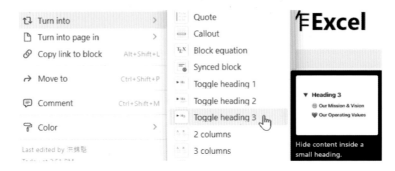

3：可以得到下列結果。

可摺疊列表建立完成後，未來按圖示▼可以摺疊文件，若是按圖示▶可以展開文件，下列是圖例解說。

請參考上述實例建立讀者資源和內容簡介為 Toggle Heading 3 的可摺疊列表，下列是展開的畫面。

Python操作Excel

▼ 書籍資料

　出版社：深智數位

　頁數：416頁

　印刷：全彩

▼ 讀者資源

　程式實例

　書籍程式素材

　作業電子書

▼ 內容簡介

　全書有23個主題

　339個程式實例

　這是一本講解用Python操作Excel工作表的入門書籍，也是目前市面上這方面知識最完整的書籍。整本書從最基礎的活頁簿、工作表說起，逐漸邁入操作工作表、美化工作表、分析工作表資料、將資料以圖表表達，最後講解將Excel工作表存成PDF，以達成未來辦公室自動化的目的。

下列是折疊的畫面。

Python操作Excel

▶ 書籍資料

▶ 讀者資源

▶ 內容簡介

6-3-2　建立一般文字的 Toggle list

建立一般文字的 Toggle list 與前一小節實例有一些差異，假設現在想將讀者資源內的書籍程式素材和作業電子書字串當作程式實例字串的摺疊列表，實例如下：

1：將滑鼠游標放在程式實例字串左邊的圖示⠿。

2：按一下，選擇執行 Turn into/Toggle list。

3：可以得到下列結果。

4：選取書籍程式素材和作業電子書等 2 列的資料。

5：將滑鼠游標移到任一項目左邊的圖示 ⠿，拖曳到上述程式實例的藍色區塊，直到出現藍色水平橫條。

6：可以得到下列程式實例也是可摺疊列表的標題了。

6-3-3　美化標題

Notion 除了將標題字用比較大的字體裝飾，我們也可以使用不同顏色美化，請選取書籍資料字串。

點選 Textcolor 圖示 A ∨ ，Color 欄選 Blue 可以得到書籍資料字串用藍色顯示。

請將上述實例應用到讀者資源和內容簡介，可以得到下列結果。

6-4 建立引言 Quote

引言 (Quote) 一般可以放在文章的開端或是標題下方，主要是摘錄或引用其他人的文章。

6-4-1　將字串轉為引言

下列是將全書有 23 個主題和 339 個程式實例當作引言的實例。

1：選取全書有 23 個主題和 339 個程式實例。

2：將滑鼠游標放在全書有 23 個主題和 339 個程式實例任一字串左邊的圖示 ⠿。

3：執行 Turn into/Quote。

4：引言的特色是左邊有垂直線條，可以參考下列執行結果。

6-4-2　格式化引言

你可以使用不同的顏色美化引言，凸顯此引言，例如：將全書有 23 個主題字串格式化為橘色，下列是實例。

1：選取全書有 23 個主題字串。

2：按一下 Text Color 圖示 A，COLOR 選取 Orange。

3：可以得到下列結果。

下列是將 339 個程式實例字串改為背景是橘色字串的實例。

1：選取 339 個程式實例字串。

2：按一下 Text Color 圖示 A ，BACKGROUND 選取 Orange background。

3：可以得到下列結果。

6-5　建立標註 Callout

標註一般是放在段落前端或末端，作為註解之用，下列是要在內容簡介末端加上標註的實例。

1：將滑鼠游標移至內容簡介該段落末端下方的圖示 ＋ ，

2：按一下，執行 Callout。

3：可以得到下列結果。

Type something...

4：請輸入 " 本書曾經獲得博客來暢銷排行榜第 1 名 "。

這是一本講解用Python操作Excel工作表的入門書籍，也是目前市面上這方面知識最完整的書籍。整本書從最基礎的活頁簿、工作表說起，逐漸邁入操作工作表、美化工作表、分析工作表資料、將資料以圖表表達，最後講解將Excel工作表存成PDF，以達成未來辦公室自動化的目的。

💡 本書曾經獲得博客來暢銷排行榜第 1 名。

若是不喜歡上述預設的標註背景色，可以更改此色彩，下列是將背景色改為黃色的實例。

1：將滑鼠游標移至標註左邊的圖示 ⠿ 。

2：執行 Color/Yellow background。

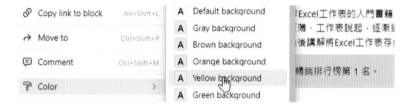

3：下列是執行結果。

這是一本講解用Python操作Excel工作表的入門書籍，也是目前市面上這方面知識最完整的書籍。整本書從最基礎的活頁簿、工作表說起，逐漸邁入操作工作表、美化工作表、分析工作表資料、將資料以圖表表達，最後講解將Excel工作表存成PDF，以達成未來辦公室自動化的目的。

💡 本書曾經獲得博客來暢銷排行榜第 1 名。

6-6 插入與編輯圖片

Notion 可以插入各種格式的圖片檔案,例如:JPG、PNG、GIF 等,個人免費版的圖案限制是 5M。

6-6-1 插入圖片

本節所要插入的圖片是在 ch6 資料夾的 Python_Excel.jpg 檔案,所要插入的位置是在書籍資料摺疊文件內。

1:將滑鼠游標移至印刷左邊的圖示 + 。

2:按一下,選擇 Image,如下所示:

3:點選可以得到下列畫面。

4:請按 Upload file。

5:出現開啟對話方塊,請選擇 Python_Excel.jpg,然後按開啟鈕。

6：此時圖片以原尺寸插入指定位置。

6-6-2　編輯圖片大小

將滑鼠游標放在圖片右邊可以看到垂直線段，將滑鼠游標放在此垂直線段向左拖曳可以縮小圖片，向右拖曳可以放大圖案，此例向左拖曳，可以得到下列結果。

上述我們成功的在 Notion 插入圖片了，若是細看版面發現若是可以將圖片以 2 欄方式放在會有比較好的視覺，下一節將講解這方面的應用。

6-7 將區塊轉成頁面

原則上折疊列表無法直接用拖曳方式，處理成 2 欄方式排版，必須先將區塊轉成頁面，這將是本節的重點。

6-7-1 區塊轉成頁面

這一節主要是將書籍資料折疊列表轉成頁面。

1：將滑鼠游標移至書籍資料左邊的圖示⠿。

2：按一下，執行 Turn into/Page。

3：可以得到書籍資料已經轉換成頁面了。

從上述可以看到折疊列表已經轉成 Python 操作 Excel 頁面的子頁面了，此子頁面的名稱是書籍資料。

6-7-2　檢視子頁面

　　按一下頁面目錄區 Python 操作 Excel 頁面左邊的展開圖示▶，可以看到此書籍資料子頁面。

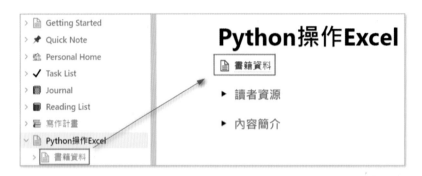

　　按一下書籍資料子頁面，可以進入此子頁面，可以參考下列實例。

　　要回到 Python 操作 Excel 頁面，可以點選上方的 Python 操作 Excel 字串，也可以點選目錄區的 Python 操作 Excel 字串。

6-8　將頁面以 2 欄排版

將頁面轉成 2 欄排版實例如下：

1：首先須將滑鼠游標放在 Python 操作 Excel 圖片左側的圖示⠿。

2：拖曳上述圖示至出版社最右邊，直到出現藍色垂直線條。

出版社：深智數位

頁數：416頁

印刷：全彩

3：可以得到下列結果。

4：選取頁數和印刷 2 列，將滑鼠游標移至任一列的左邊圖示 ⠿，然後拖曳至出版社下方，直到出現藍色水平線條。

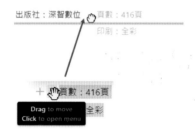

5：可以得到下列 2 欄的排版結果。

6-9　將頁面轉成折疊列表

請按頁面上方的 Python 操作 Excel，回到此頁面，將滑鼠游標指向書籍資料左邊的圖示 ⠿。按一下，然後執行 Turn into/Toggle heading 3。

可以得到 2 欄的排版結果。

前面小節的內容相信讀者已經可以建立圖文並茂的頁面了,現在筆者實例講解建立自己的 Notion 名片。

1:按一下 + Add a page,增加新頁面。

2:在新頁面下按 Import。

3:出現 Import 對話方塊,請點選 Word。

4:出現開啟對話方塊,選擇 ch6 資料夾的洪錦魁簡介檔案。

5:可以得到下列載入洪錦魁簡介的畫面。

洪錦魁簡介

洪錦魁簡介

一位跨越電腦作業系統與科技時代的電腦專家,著作等身的作家,作品被翻譯為簡體中文、馬來西亞文,2000年作品更被翻譯為Mastering HTML英文版行美國,近年來作品則是在北京清華大學和台灣深智同步發行。

著作

1:Python最強入門邁向頂尖高手之路

2:OpenCV影像創意邁向AI視覺

3:Python網路爬蟲

聯繫方式

jiinkwei@me.com

cshung1961@gmail.com

6：將洪錦魁簡介、著作、聯繫方式字串處理成 Heading 3 格式。

洪錦魁簡介

洪錦魁簡介

一位跨越電腦作業系統與科技時代的電腦專家，著作等身的作家，作品被翻譯為簡體中文、馬來西亞文，2000年作品更被翻譯為Mastering HTML英文版行美國，近年來作品則是在北京清華大學和台灣深智同步發行。

著作

1：Python最強入門邁向頂尖高手之路
2：OpenCV影像創意邁向AI視覺
3：Python網路爬蟲

聯繫方式

jiinkwei@me.com

cshung1961@gmail.com

7：將滑鼠游標移到洪錦魁簡介下方段落，左邊的圖示 ＋ ，按一下，然後執行 Image 插入圖片。

8：按 Upload file，出現開啟對話方塊，然後選擇 ch6 資料夾的 Hung.jpg，按開啟鈕，可以載入圖片。

9：由於上述不是摺疊列表，可以用直接拖曳方式建立 2 欄的資料，請將滑鼠游標移到 Hung.jpg 圖案左邊的圖示 ⠿，拖曳到 Heading 3 標題洪錦魁簡介最右邊，直到出現藍色垂直線，可以建立 2 欄資料，如下所示：

10：將滑鼠游標移到下方 " 一位跨越 … " 段落左邊的圖示 ⠿，拖曳到上方洪錦魁簡介，直到出現藍色水平線，可以得到下列結果。

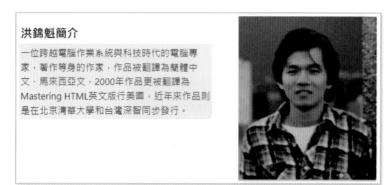

11：選取聯繫方式和 2 列電子郵件，然後將滑鼠游標移到任一列左邊的圖示 ⠿。

12：拖曳到著作標題最右邊，直到出現藍色垂直線，可以建立 2 欄資料。

13：選取 3 本著作列表，將滑鼠游標移到著作任一列左邊的圖示 ⠿，拖曳到上方
著作，直到出現藍色水平線，可以得到下列結果。

6-11 將影片載入頁面

Notion 也可以載入影片檔案到頁面，本實例所要載入影片是 video.mp4 下列是實
例。

1：請按 Add a page 增加新頁面。

2：將 Untitled 改為 Python 操作 Excel 影片。

3：按一下 Type / for commands 左邊的圖示 ＋。

Python操作Excel影片

4：按一下，然後選擇 video。

5：出現 Embed or upload a video，請選擇 Upload。

6：可以得到下列畫面。

7：按一下 Choose a video，會出現開啟對話方塊，請選擇 ch6 資料夾的 video.mp4。

8：按開啟鈕，就可以將 video.mp4 載入頁面。

第 7 章
建立文字連結

　　這一章包含建立文字連結、Google 地圖匯入頁面和建立頁面評論等 3 個主題，讀者學習完成可以建立下列洪錦魁著作頁面。

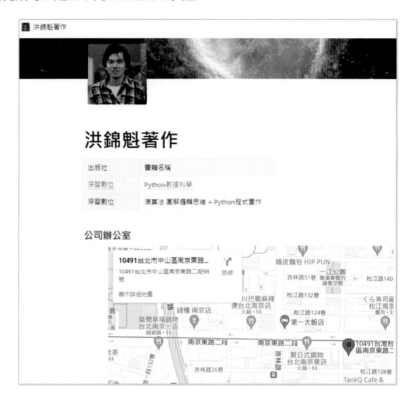

7-1　準備資料

　　為了講解文字連結的意義，請建立下列 2 個頁面。

1：洪錦魁著作

2：Python 數據科學

7-2 建立文字連結 – 連結到網址

在洪錦魁著作頁面有提到深智公司，深智公司的網址如下：

http://deepmind.com.tw

下列是設定點選深智公司超連結可以進入深智公司網頁。

1：選取深智數位字串，可以看到 Link。

2：點選 Link，然後輸入深智公司網址，如下所示：

3：輸入完上述網址後，請按 Enter 鍵，取消選取深智數位字串，可以看到 Notion
　以比較淺的顏色顯示此含超連結的字串，同時下方含有底線。

未來點選此超連結深智數位字串，進入深智數位網頁。

按一下可以啟動網頁　按一下可以編輯網址

當將滑鼠游標移至深智數位超連結字串時，可以看到工具內有 Edit，按此 Edit 可以重新編輯超連結網址。

7-3 建立文字連結－連結到頁面

7-1 節筆者有說明建立 Python 數據科學頁面，我們也可以使用上述觀念將超連結文字連結到此頁面，下列是實例。

1：選取 Python 數據科學字串，可以看到 Link。。

2：點選 Link，可以看到 Python 數據科學頁面，如下所示：

3：按一下 Python 數據科學頁面，取消選取 Python 數據科學字串，可以看到 Notion 以比較淺的顏色顯示此含超連結的字串，同時下方含有底線。

未來點選可以進入 Python 數據科學網頁。

7-4　Google 地圖匯入頁面

Notion 也支援將 Google 地圖匯入頁面，筆者辦公室如下：

　　台北市南京東路二段 98 號

整個將 Google 地圖匯入頁面的實例如下：

1：啟動 Google 地圖，然後輸入辦公室地址，可以開啟 Google 地圖，同時可以看到此地址的網址資訊，請複製此網址資訊。

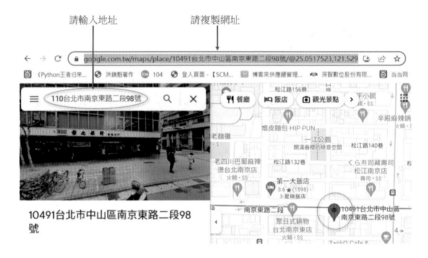

2：請進入 Notion 的洪錦魁著作頁面，將滑鼠游標移到公司辦公室左側的圖示 ＋，按一下，然後選擇 Google Maps。

3：按一下 Google Maps，可以看到下列畫面。

4：請將步驟 1 複製的網址，複製到上方網址列。

公司辦公室

5：按一下 Embed Map，可以得到辦公室地址的 Google Map 已經嵌入網頁了。

公司辦公室

第 8 章
資料庫

　　Notion 的資料庫 (Database) 與第 5 章所述的表格 (Table) 類似，但是有更多的設定功能，可以讓我們更精準建立相關資訊。讀者研讀完這一章，可以建立下列相關頁面。

8-1 建立資料庫

8-1-1　建立生活紀錄標題

　　首先請按 + Add a page，將 Untitled 改為生活紀錄，可以得到下列結果。

　　然後建立圖示 (Add icon) 和封面 (Add cover)，下列是執行結果。

8-1-2　建立資料庫

按一下生活紀錄標題下方，將滑鼠游標移至 Type '/' for commands 的圖示＋。

上述選擇 Database – inline，可以得到下列結果。

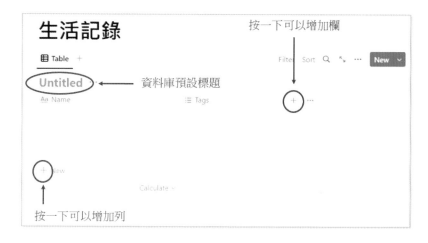

8-1-3　認識 Database

Notion 的資料庫有 2 種格式：

　　Database – Full page

這個稱整頁資料庫，也就是整個頁面是一個資料庫，除了資料庫的資料無法再建立其他資料。

　　Database – Inline

這個稱行內資料庫，表示可以在一個頁面建立一個或是多個資料庫，同時也可以在一個頁面內增加連結、文字、圖片等。

由於 Database - Inline 行內資料庫靈活性比較好，所以也是 Notion 使用者的最愛，所以本章所述是以行內資料庫為實例作解說。

8-1-4　建立資料庫名稱

建立資料庫完成後，預設名稱是 Untitled，可以為資料庫設定一個名稱，此例設定資料庫名稱是收支明細。

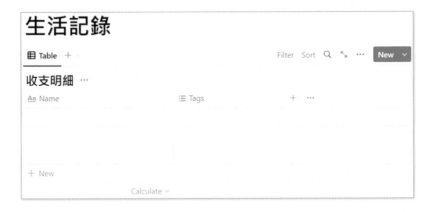

8-1-5　寬版面 Full width

由於資料庫需要建立許多欄位，建議使用寬版面 (Full width) 呈現內容，請點選頁面右上方的圖示，然後設定 Full width，如下所示：

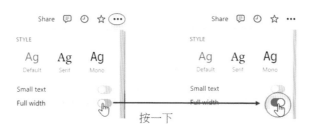

按一下

8-2 建立資料庫屬性

8-2-1 認識屬性名稱

資料庫和表格是非常類似，對於表格而言我們稱縱向是欄，欄的第一列稱欄位名稱，觀念如下：

但是在 Notion 資料庫，第一列稱屬性名稱 (property name)，表格的欄位名稱，在資料庫稱屬性名稱。

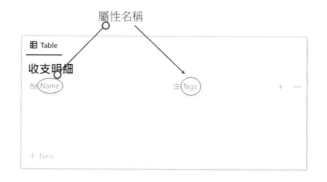

8-2-2　認識資料庫的屬性 (property)

資料庫的屬性 (property) 是由 2 個部分組成：

屬性名稱：我們可以依據資料性質自由命名。

屬性型態 (property type)：這個相當於定義屬性的資料型態，可以參考下表。

屬性型態	說明
Text	字串或數值，如果是數值則可以執行數學計算
Number	數值，可以執行數學計算
Select	單選的選項清單
Multi-select	多選的選項清單
Status	狀態分類，可以是 To-do(代辦)、In Progress(進行中)、Complete(完成)
Date	日期
Person	協作人員
Files & media	一般檔案或是影音檔案
Checkbox	選取方塊
URL	超連結
E-mail	電子郵件
Phone	電話
Formula	公式
Created time	建立時間
Created by	建立者

建立資料庫成功後，會內建 Name 和 Tags 屬性名稱，未來讀者可以依據需要自行編輯新的名稱。這 2 個內建的屬性觀念如下：

Name：這是屬性名稱，其屬性型態是 Title，這個屬性型態是無法編輯變更的。

Tags：這是屬性名稱，其屬性型態是 Multi-select，其屬性名稱和屬性型態皆可以更改。

8-2-3　更改屬性名稱和屬性型態

將滑鼠游標移到屬性名稱 Name，按一下，可以看到下列左邊的畫面。

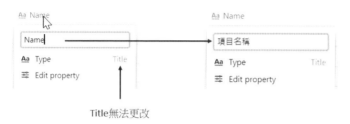

Title無法更改

我們可以直接修改 Name 為想要的名稱，此例是將 Name 改為項目名稱，可以參考上方右圖。從上述可以看到屬性型態 (Type) 是 Title，此屬性無法更改屬性型態。

參考上述觀念，將滑鼠游標移到屬性名稱 Tags，按一下，可以看到下列左邊的畫面。

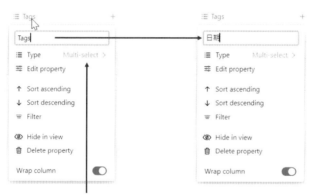

預設屬性型態Multi-select可以更改

上述是將屬性名稱由 Tags 改為日期，可以參考上方右圖。

8-2-4　更改屬性型態

在上一小節更改 Tags 為日期的過程中，下一列的 Type 欄位可以看到：

Multi-select >

上述多了 ">" 符號，按一下此列，可以看到系列屬性型態，可以由此選擇新的屬性型態，下列是將屬性型態改為 Date 的畫面。

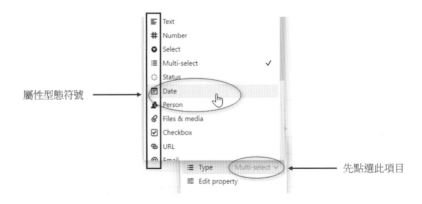

屬性型態符號

先點選此項目

> **註** 在上述可以在屬性名稱左邊看到屬性符號，未來回到資料庫，也就是由符號辨識屬性的類別。

上述執行後可以得到下列結果。

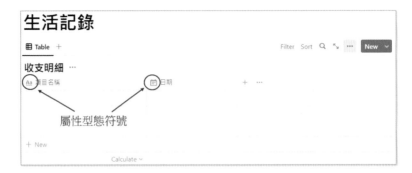

屬性型態符號

8-2-5　進階屬性設定

當按一下屬性名稱時，若是執行 Edit property，除了可以編輯屬性名稱、屬性型態，更可以進一步設定屬性，例如：以 Date 屬性型態而言，可以設定 Date format (日期格式) 和 Time format (時間格式)。

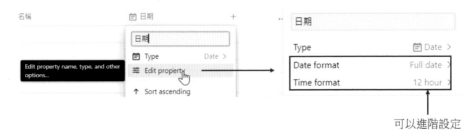

可以進階設定

此例筆者選擇日期格式是 Year/Month/Day，可以得到下列右邊的結果。

按此可以關閉
編輯屬性視窗

8-3 增加屬性

繼續先前收支明細資料庫的實例，請增加下列屬性：

屬性名稱	屬性型態
收入 / 支出	Select
金額	Number
統計	Formula
收據影本	File & media

8-3-1 增加屬性

增加屬性步驟是先輸入屬性型態，再輸入屬性名稱。假設想要增加收入 / 支出屬性，屬性型態是 Select，按一下日期欄位右邊的圖示 + 。

第一步是選擇屬性型態，此例請選擇 Select，Notion 會暫時用屬性型態當作屬性名稱。

新增加屬性　　　請輸入屬性名稱

請輸入新的屬性名稱，輸入完請按 Enter，然後可以按右上方的圖示 ✕ ，關閉 Edit property 視窗。

下列是建立完成後的收支明細資料庫。

8-3-2　刪除屬性

假設要刪除收入 / 支出屬性，可以將滑鼠游標移到收入 / 支出屬性，按一下滑鼠右鍵，再選擇 Delete property，可以參考下方左圖。

會出現是否刪除收支明細資料庫的屬性對話方塊，可以參考上方右圖，此例請按 Delete，就可以刪除收入 / 支出屬性了。

8-3-3 實際增加屬性

繼續先前收支明細資料庫的實例,請增加下列屬性:

屬性名稱	屬性型態
收入 / 支出	Select
金額	Number
統計	Formula
收據影本	File & media

在輸入過程,由於每個屬性皆有固定寬度,所以輸入完成後,頁面寬度將無法完整顯示所有屬性,此時可以得到下列結果。

8-4 編輯屬性

8-4-1 屬性寬度

將滑鼠游標移到屬性右邊的邊界線,可以看到藍色垂直線,左右拖曳可以更改屬性寬度。

下列是筆者調整屬性寬度的結果畫面。

8-4-2　隱藏與顯示屬性

資料庫屬性右邊有圖示 … ，請按此圖示，可以看到下列畫面

上述可以看到每個屬性右邊有圖示 👁 ，這個圖示可以切換隱藏或是顯示屬性。

8-4-3　移動屬性

每個屬性左邊有圖示 ⋮⋮，將滑鼠游標移至此圖示，上下拖曳可以移動屬性位置。

8-5　輸入屬性資料

這一節分成 4 個小節輸入屬性資料。

8-5-1　輸入 Title/Text/Number

輸入 Title/Text/Number 類型的資料比較簡單，可以將滑鼠移到指定儲存格，然後直接輸入，如下所示：

8-5-2 輸入日期 - Date

將滑鼠游標移至儲存格，再按一下，預設是顯示今天日期，如果你沒有每天記錄收支明細，則需點選款項日期。

註 上述日期格式是在 8-2-5 節設定。

8-5-3 建立收入 / 支出 - Select

8-5-3-1：建立選項資料

當屬性型態是 Select 時，表示可以用選項方式執行輸入，所以必須先建立選項，此例可以建立收入和支出 2 個選項。請將滑鼠游標移至收入 / 支出，按一下，然後選擇 Edit property。

資料庫右邊會出現 Edit property 視窗，請按 Add an option。

出現 Options 欄位，請輸入收入，然後按 Enter，下方會出現所建立的選項收入，這樣就是建立一個選項成功了。

請再輸入支出選項，輸入完成後請按 Enter 鍵，可以建立第 2 個選項。

建立選項完成後可以按右上方的圖示 ✕ ，關閉 Edit property 視窗。

8-5-3-2：編輯選項顏色

將滑鼠游標移至選項，按一下可以選擇選項的顏色。

8-5-3-3：建立選項

此例薪資是收入，將滑鼠游標移至儲存格，按一下收入選項，可以得到下列結果：

8-5-4　建立收據影本 – File & media

Notion 的資料庫不僅可以輸入一般資料，也可以輸入檔案或是多媒體檔案，若是以本節為例，可以將支出的發票記錄在收支明細資料庫內。如果是收入，則可以使用收入條，例如：薪資條、稿費收據等。

註 此章筆者為了簡化，使用一張 invoice.jpg，當作每一筆的收據影本。

請將滑鼠游標移到要插入收據影本的儲存格，可以參考下方左圖。

按一下，然後執行 Choose a file，會出現開啟對話方塊，此例筆者選擇 ch8 資料夾的 invoice.jpg，按開啟鈕，最後可以得到下列結果。

若是返回資料庫，可以得到下列結果。

收支明細

Aa 項目名稱	📅 日期	⊙ 收入/支出	# 金額	Σ 統計	🔗 收據影本
薪資	2022/09/05	收入	60000		

8-5-5　請輸入所有資料

下列是筆者建立 5 筆資料的結果。

收支明細

Aa 項目名稱	📅 日期	⊙ 收入/支出	# 金額	Σ 統計	🔗 收據影本	+ ...
薪資	2022/09/05	收入	60000			
買電腦	2022/09/08	支出	32000			
稿費	2022/09/12	收入	48000			
日本旅遊	2022/09/18	支出	36000			
房租	2022/09/30	支出	18000			
+ New						

8-6　資料格式

資料建立完成後，可以針對特定屬性型態設定資料格式，下列將說明。

8-6-1　Date 資料格式

8-2-5 節在建立 Date 資料時，筆者有介紹設定資料格式，輸入資料完成後也可以再度設定格式。請按一下日期欄位下方，任何一筆日期資料，然後執行 Date format & timezone。

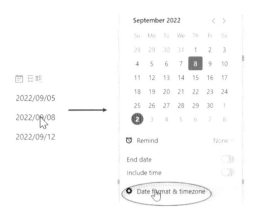

然後可以看到目前日期格式 Year/Month/Day，此時可以按一下右邊的圖示 ˅，讀者可以看到一系列 Notion 所提供的日期格式，讀者可以選擇適合的格式。

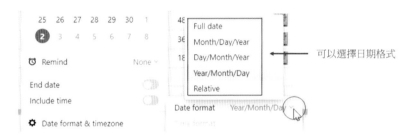

可以選擇日期格式

此例，筆者繼續使用 Year/Month/Day 日期格式。**註**：如果有修改，會連動到整個欄位的日期格式同步修訂。

8-6-2　Number 資料格式

金額的屬性型態是 Number，如果將滑鼠游標移到金額下方的任一個數值資料，可以看到圖示，請點選此圖示 123 ，然後可以看到系列數值格式。

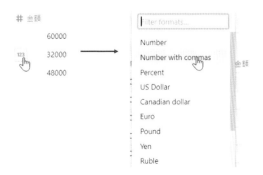

讀者可以油上方右圖選擇一種數值格式，幾個重要的數值格式如下：

Number：這是預設的格式，用阿拉伯數字顯示。

Number with comma：每千分為加上逗號。

Percent：百分比。

US Dollar：美元。

Euro：歐元。

此例，筆者選擇 Number with commas，可以得到下列結果。

收支明細					
Aa 項目名稱	📅 日期	◎ 收入/支出	# 金額	Σ 統計	🔗 收據影本
薪資	2022/09/05	收入	60,000		
買電腦	2022/09/08	支出	32,000		
稿費	2022/09/12	收入	48,000		
日本旅遊	2022/09/18	支出	36,000		
房租	2022/09/30	支出	18,000		

8-7 Formula 公式的處理

在金額的欄位，此例不論是收入或是支出，筆者皆是採用正值，實務上收入是正值，支出應該是負值，我們可以使用 if( ) 函數處理實際的值。

If(prop(" 收入 / 支出 ")==" 收入 ", prop(" 金額 "),-prop(" 金額 "))

上述 if( ) 公式有 3 個參數，觀念如下：

if(boolean, value1, value2)

上述公式可以想成下列：

if(條件 , 公式 1, 公式 2)

也就是如果條件是 True，回傳公式 1。如果條件是 False，回傳公式 2，下列是流程圖說明。

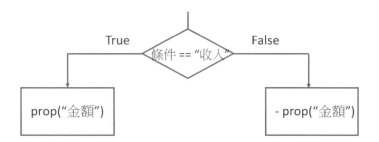

上述 if( ) 函數內的 prop( ) 函數觀念如下：

prop("Field Name")

假設是 Field Name 是金額，則公式是 prop(" 金額 ")，會回傳金額屬性欄位的值。此例，請將滑鼠游標移至統計欄位下方的儲存格。

Σ 統計

按一下，然後輸入公式，如下所示：

公式輸入完成後，請按 Done，可以看到支出的部分在統計欄位用負值顯示。

收支明細

Aa 項目名稱	📅 日期	◉ 收入/支出	# 金額	Σ 統計	🖉 收據影本
薪資	2022/09/05	收入	60,000	60000	
買電腦	2022/09/08	支出	32,000	-32000	
稿費	2022/09/12	收入	48,000	48000	
日本旅遊	2022/09/18	支出	36,000	-36000	
房租	2022/09/30	支出	18,000	-18000	

8-8 Calculate

如果將滑鼠游標移到資料庫下方，可以看到 Calculate 計算列，如下所示：

Aa 項目名稱	📅 日期	◎ 收入/支出	# 金額	Σ 統計	@ 收據影本
薪資	2022/09/05	收入	60,000	60000	🖼
買電腦	2022/09/08	支出	32,000	-32000	🖼
稿費	2022/09/12	收入	48,000	48000	🖼
日本旅遊	2022/09/18	支出	36,000	-36000	🖼
房租	2022/09/30	支出	18,000	-18000	🖼
+ New					
Calculate ⌄	Calculate ⌄	Calculate ⌄	Calculate ⌄	Calculate ⌄	Calculat

不同屬性型態，點選 Calculate 右邊的圖示 ⌄ ，會有不一樣的計算選項。

8-8-1 Title 的 Calculate

點選項目名稱下方的 Calaulate 右邊的圖示 ⌄ ，可以看到下列選單選項。

Calculate 選項	說明
None	不計算
Count all	計算所有項目數
Count values	計算有數值的項目數
Count unique values	計算類別數
Count empty	計算空數值的項目數
Count not empty	計算非空數值的項目數
Percent empty	計算空數值的百分比
Percent not empty	計算非空數值的百分比

8-8-2　Date 的 Calculate

點選日期下方的 Calaulate 右邊的圖示ˇ，可以看到下列新增的選單選項。

Calculate 選項	說明
Earliest date	列出最早日期
Latest date	列出最晚日期
Date range	列出日期區間

8-8-3　Number 或 Formula 的 Calculate

點選金額或是統計下方的 Calaulate 右邊的圖示ˇ，可以看到下列新增的選單選項。

Calculate 選項	說明
Sum	總計
Average	平均
Median	中位數
Min	最小值
Max	最大值
Range	數值區間

8-8-4　Calculate 實作

下列是計算資料筆數，請將滑鼠移到項目名稱下方的 Calculate 右邊的圖示ˇ，然後執行 Count all(計算所有資料筆數)。

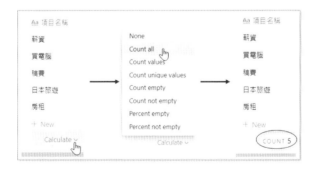

下列是結算所有收入／支出，然後列出結餘數，請將滑鼠移到統計下方的 Calculate 右邊的圖示，然後執行 Sum(總計)。

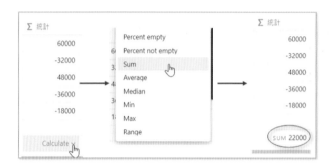

下列是整個資料庫目前的畫面。

收支明細

Aa 項目名稱	📅 日期	⊙ 收入/支出	# 金額	Σ 統計	🔗 收據影本
薪資	2022/09/05	收入	60,000	60000	▦
買電腦	2022/09/08	支出	32,000	-32000	▦
稿費	2022/09/12	收入	48,000	48000	▦
日本旅遊	2022/09/18	支出	36,000	-36000	▦
房租	2022/09/30	支出	18,000	-18000	▦
+ New					
COUNT 5				SUM 22000	

第 9 章
資料庫的進階操作

　　這一章將繼續使用第 8 章所建立的生活紀錄頁面，內容主要是收支明細資料庫，然後說明 Notion 的檢視模式。

9-1 資料庫預設檢視模式 – Table 檢視

　　在頁面標題生活紀錄下方可以看到 ⊞ Table，這代表目前是在 Table 檢視 (view) 模式。

　　這也是我們使用 Notion 建立資料庫預設的檢視模式。

9-2 認識檢視模式功能表

　　將滑鼠游標移到 ⊞ Table，按一下，可以看到下列功能表。

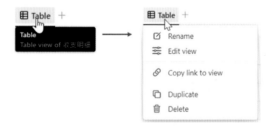

　　上述功能表的意義如下：

　　Rename：檢視 (view) 名稱 Table 是預設的名稱，可以更改名稱，若是更改名稱，此仍是 Table view 模式。

Edit：可以進入編輯資料庫的檢視模式，如果點選 Layout，可以更改檢視。

Copy link to view：建立此檢視的連接。

Duplicate：可以在此頁面另外複製一份相同的檢視，當同一個資料庫有不同的檢視時，若是更新資料庫內容，不同檢視會同步更新。

Delete：刪除目前檢視，延續前面實例將滑鼠游標放在 Table(1)，按一下，執行 Delete，將看到是否刪除此檢視。

上述按 Delete view，可以得到 Table(1) 檢視被刪除的結果。

9-3 隱藏 / 顯示資料庫名稱

從上述視窗畫面可以看到當應用檢視時，在檢視名稱和資料庫內容間有資料庫名稱 (收支明細)，將滑鼠游標移到資料庫名稱 (收支明細) 右邊，可以看到圖示 ⋯ ，請點選此圖示，

然後執行 Hide database title，可以隱藏資料庫名稱，如下所示：

如果要復原顯示資料庫名稱，可以按一下 Table，然後執行 Show database title。

9-4 保存第 8 章的執行結果

為了要保存第 8 章的結果，和第 9 章的結果有區隔，所以筆者先複製此生活紀錄頁面。

複製後，將頁面標題改為生活紀錄 – 第 9 章，可以參考下列結果，接下來的操作將以此頁面為範本。

9-5 新增檢視

將滑鼠游標移到 Table，在右邊可以看到圖示＋，按此圖示也可以增加一個 Table 檢視。

可以得到下列結果。

有6種檢視模式

從上述執行結果可以看到 Notion 的資料庫，除了預設的 Table 檢視，還有 5 種檢視模式，下列將分成 5 個小節說明。

9-5-1　Board 檢視

請參考 9-5 節的畫面，筆者先將檢視名稱命名為 Board(讀者也可以使用其他名稱)，然後點選 Board。

上述請輸入名稱 Board，點選 Board，然後按關閉圖示 ╳ ，可以得到下列結果。

在這個檢視模式，會將 Select 屬性的項目分組，所以可以看到支出與收入相關的資料。

9-5-2　Timeline 檢視

將滑鼠游標移到 Board，在右邊可以看到圖示 ＋，按此圖示也可以增加一個 Table 檢視。

接著請輸入名稱 Timeline，點選 Timeline。

然後按關閉圖示 ×　，可以得到下列結果。

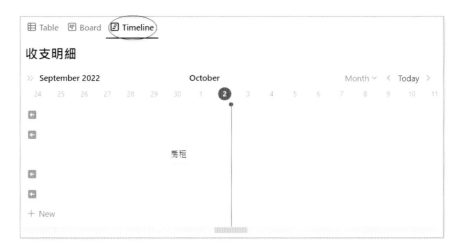

　　當資料庫內容有日期時，非常適合這種檢視，可以了解每個事項或是進度發生的時間點，使用者可以用這個特性規劃進度。

9-5-3　Calendar 檢視

　　將滑鼠游標移到 Timeline，在右邊可以看到圖示 ＋，按此圖示也可以增加一個 Table 檢視。

接著請輸入名稱 Calendar，點選 Calendar。

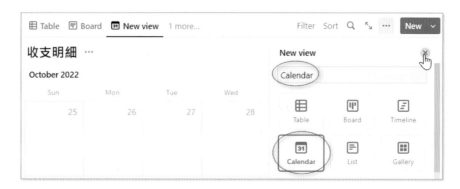

然後按關閉圖示 ✕ ，可以得到下列結果。

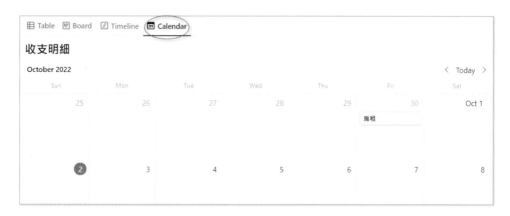

在這個 Calendar 檢視環境，可以使用月曆檢視每一筆資料，如果想要了解該筆資料更進一步的內容，可以點選該日期的項目。

9-5-4　List 檢視

將滑鼠游標移到 Calendar，在右邊可以看到圖示 ＋，按此圖示也可以增加一個 Table 檢視。

接著請輸入名稱 List，點選 List。

然後按關閉圖示 × ，可以得到下列結果。

在這個檢視環境下，所有項目使用條列方式呈現，讀者可以點選項目獲得每個項目的詳細內容。

9-5-5 Gallery 檢視

Gallery 可以翻譯為畫廊，所以也可以稱畫廊檢視。請將滑鼠游標移到 List，在右邊可以看到圖示 + ，按此圖示也可以增加一個 Table 檢視。

接著請輸入名稱 Gallery，點選 Gallery。

然後按關閉圖示 ⊗ ，可以得到下列結果。

在上述環境點選每個區塊，可以看到每一筆資料內容。上述是預設的顯示結果，如果想要顯示更多內容，例如：收據影本，可以點選右上方的圖示 ⋯ 。

可以在 Properties 欄位看到 1 shown，表示目前 Gallery 只顯示一個屬性。請點選 Layout 右邊的 Gallery，相當於可以重新編修顯示項目，然後可以看到下方左圖。

然後點選 Card preview 右邊的 Page content，表示設定圖卡顯示內容，可以參考上方左圖。此時請點選收據影本，可以參考上方右圖，現在就可以看到收據影本了。

請按一下右上角的關閉圖示 ╳ ，可以得到 Gallery 檢視顯示完整的發票影本。

註：瀏覽程式視窗的大小會影響 Gallery 圖檔框的大小。

9-6　資料篩選 Filter

Filter 可以常用於篩選 Select 屬性的項目，假設現在是在 Table 檢視環境，右邊有 Filter 功能，請點選 Filter。

可以看到要求選擇篩選的屬性欄位。

此例請選擇 Select 屬性的收入 / 支出項目，可以看到下列篩選框。

可以勾選所要顯示的項目，下列是勾選支出的實例。

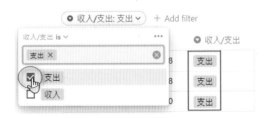

請同時勾選收入,則可以復原顯示收入項目。

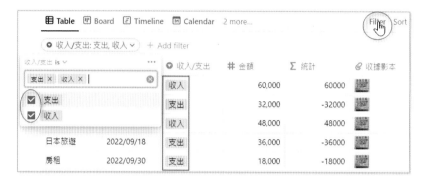

按一下收入/支出右邊的圖示 ⋯ ,再執行 Delete filter 可以刪除篩選框。

此時可以看到仍有 + Add filter 區塊,可以按一下右上方的 Filter 刪除此區塊。

9-7 資料排序 Sort

在前一節所述內容 Filter 右邊有 Sort,這是排序功能,點選 Sort 後,可以看到選擇哪一個屬性欄位做排序。

註　再按一次 Sort 可以關閉上述視窗。

此例請選擇日期，則可以選擇 Ascending(遞增) 排序，這也是預設排序方式，或是選擇 Descending(遞減) 排序。

9-8　資料分組 Group

在前一節所述內容 Sort 右邊有圖示 ⋯ ，請點選此圖示，可以看到下列功能表。

在上述 Group 右邊可以看到 None，這表示目前沒有執行分組，請點選 None，可以看到要求選擇分組的屬性欄位。

此例選擇收入/支出，然後按右上方的關閉圖示 × ，可以得到分支出與收入組別顯示顯示的結果。

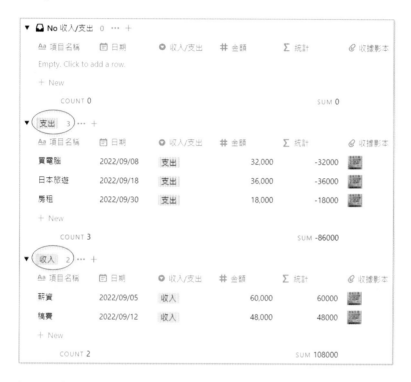

如果想要取消分組，可以按一下 Sort 右邊的圖示⋯，請點選此圖示，然後點選 Group。

請點選 Remove grouping，就可以刪除分組。

第 10 章
資料庫實戰 – 我的著作

這一章是資料庫的應用，從我的著作實例應用中，讀者可以更進一步了解整頁資料庫、行內資料庫、一個頁面有多個行內資料庫、資料庫的關聯等，資料庫在 Notion 的應用。跟隨本書內容實例，完成本章的閱讀時，讀者可以建立下列頁面內容。下列是縮小顯示內容的結果。

10-1 匯入 CSV 檔案

10-1-1 認識 CSV 檔案

在 ch10 資料夾有 CSV 檔案，檔案名稱是著作列表 .csv，此檔案的內容如下：

	A	B	C	D	E
1	書籍名稱	定價	類型	出版日期	作者
2	邁向賭神之路	666	益智	20-Oct-22	洪錦魁
3	Python數據科學	1080	程式語言	20-Aug-22	洪錦魁
4	C語言最強入門	620	程式語言	20-Jun-22	洪錦魁
5	Excel完整學習	700	職場應用	15-Sep-21	洪錦魁
6	Power BI大數據視覺化	620	職場應用	10-Aug-21	洪錦魁

註1 讀者可以使用 Excel 建立上述檔案，完成後存檔方式請選擇 CSV 格式。

註2 輸入日期格式使用 "20-Oct-22" 格式，Notion 會用 Date 格式讀取，未來讀者可以由此設定日期型態。

10-1-2 匯入 CSV 檔案

Notion 可以讀取 CSV 檔案，然後轉換成資料庫，可以參考下列實例。

1：請按頁面目錄區的 + Add a page 建立一個新頁面。

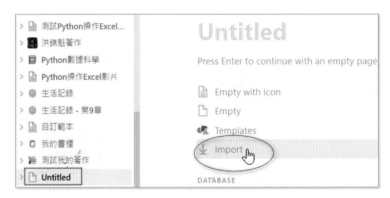

2：點選 Import。

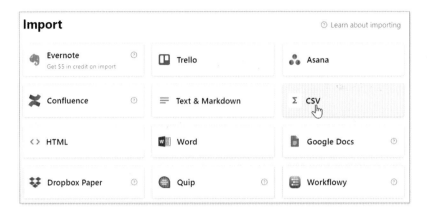

3：請選擇 CSV，出現開啟對話方塊，請選擇 ch10 資料夾的著作列表 .csv。

4：按開啟鈕，可以將著作列表 .csv 載入 Notion，適度更改欄寬，可以得到下列
　　結果。

　　CSV 檔案載入 Notion 後，原先的檔案名稱將成為 Notion 的頁面名稱，所以原先
頁面名稱是 Untitled，現在已經改為著作列表。

10-2　建立我的著作頁面

10-2-1　建立主頁面

　　我的著作將是本章的主頁面，請按頁面目錄區的 + Add a page 建立一個新頁面，然後將頁面名稱改為我的著作。

10-2-2　建立圖示

　　請點選我的著作上方的 Add icon，然後選擇適當的圖示，可以得到下列結果。

10-2-3　建立寬版面顯示頁面

　　為了方便未來可以完整的顯示頁面內容，請點選頁面右上方的圖示 •••，然後將 Full width 從圖示 ⚪，改為圖示 🔘，這相當於是寬版面顯示內容。

10-3　資料庫轉為行內資料庫

10-3-1　認識整頁資料庫

10-1 節建立的著作列表資料庫頁面，因為是一個頁面有一個資料庫，我們稱此頁面的資料庫是整頁資料庫 (Database-Full page)。

10-3-2　建立行內資料庫

這一章會在我的著作頁面建立多個資料庫，這些資料庫將是以行內資料庫 (Database-Inline) 方式呈現。下列是將著作列表加入我的著作頁面，然後轉為行內資料庫的實例。

1：將頁面目錄區的著作列表拖曳至我的著作頁面。

2：將滑鼠游標移到著作列表左邊的圖示 ⋮⋮，按一下，執行 Turn into inline。

3：可以得到著作列表資料庫在我的著作頁面完整顯示。

10-3-3　新增行內資料庫

一個頁面可以有多個行內資料庫，下列是在著作列表下方建立行內資料庫。

1：將滑鼠游標移到著作列表上方 Show All 左邊的圖示 ＋。

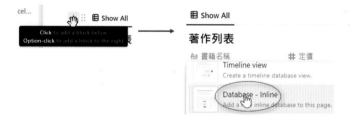

2：按一下，然後選擇 Database-Inline，可以得到下列畫面。

⊞ Table	
Untitled	
Aa Name	☰ Tags

3：請執行下列修改：

Untitled-> 書籍分類
Name-> 類型
Tags-> 書籍定價

⊞ Table	
書籍分類	
Aa 類型	# 書籍定價

4：在類型欄位輸入益智、程式語言、職場應用等 3 種書籍類型，

⊞ Table	
書籍分類	
Aa 類型	# 書籍定價
益智	
程式語言	
職場應用	

10-4 資料庫建立關聯與歸納

前一小節筆者建立了 2 個行內資料庫，其中有部分欄位是相同的，這時就會產生資料庫間的關聯 (Relation)，當有關聯產生時，彼此資料可以互相引用或歸納。

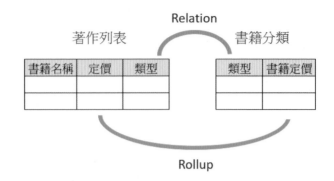

10-4-1　關聯 Relation 和歸納 Rollup 觀念

在著作列表有類型屬性，在書籍分類也有類型屬性，可以在書籍分類中看到每個類型的書籍名稱。

在著作列表有定價屬性，在書籍分類也有書籍定價屬性，可以在書籍分類中列出個別書籍的數量、個別定價或是統計書籍定價總金額 … 等。

10-4-2　關聯 Relation 實作

這一節是設定著作列表的類型與書籍分類的關聯。

1：將滑鼠游標移到著作列表的類型，按一下，然後執行 Edit property。

2：出現下列畫面，同時執行 Type：Relation 設定。

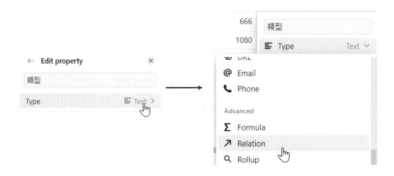

3：接著設定 Related to：書籍分類。

4：請設定 Show on 書籍分類右側圖示為 🔘 。

5：按 Add relation，請按 Edit property 右上角的關閉圖示 × 。

6：現在可以在著作列表看到類型名稱變為 ↗ 類型 ，同時欄位內容是空的，這表示已經建立了 Relation 關聯，同時書籍分類則多了 ↗ 著作列表屬性。

7：將滑鼠游標指向 ↗ 類型 的第一個儲存格，按一下，可以看到 Link or create a page 欄位，請依書籍名稱選擇適當的類別，例如：第一本書籍是邁向賭神之路，可以依照原先定義選擇益智，可以得到下列結果。

註　滑鼠按一下空白區可以結束顯示對話方塊。

8：繼續處理其他 4 本書籍，可以得到下列結果。

著作列表

Aa 書籍名稱	# 定價	↗ 類型	🗓 出版日期	● 作者
邁向賭神之路	666	📄 益智	October 20, 2022	洪錦魁
Python數據科學	1080	📄 程式語言	August 20, 2022	洪錦魁
C語言最強入門	620	📄 程式語言	June 20, 2022	洪錦魁
Excel完整學習	700	📄 職場應用	September 15, 2021	洪錦魁
Power BI大數據視覺化	620	📄 職場應用	August 10, 2021	洪錦魁
+ New				

⊞ Table

書籍分類

Aa 類型	# 書籍定價	↗ 著作列表
益智		📄 邁向賭神之路
程式語言		📄 Python數據科學 📄 C語言最強入門
職場應用		📄 Excel完整學習 📄 Power BI大數據視覺化

現在不僅著作列表資料庫的 ↗ 類型 ，每一本書的類型皆補上了。原先書籍分類資料庫 ↗ 著作列表的屬性，也一一填上了每一種類型的書籍名稱。

10-4-3　資料庫歸納

這個功能主要是將 2 個已經有關聯的資料庫，進行歸納，我們可以依據需求取得所要的結果，下列是先進行統計筆者每一類型書籍著作總定價。

1：將滑鼠游標移到書籍分類資料庫的書籍定價，按一下，然後執行 Edit property。

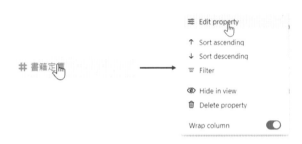

2：Type 選擇 Rollup。

3：可以得到下列結果。

4：Relation 選擇 ↗ 著作列表 。

5：Property 選擇定價。

6：Calculate 則使用預設 Show original，按一下右上方的關閉圖示 ✕ ，可以得到下列結果。

書籍分類		
Aa 類型	Q 書籍定價	↗ 著作列表
益智	666	📄 邁向賭神之路
程式語言	1080, 620	📄 Python數據科學 📄 C語言最強入門
職場應用	700, 620	📄 Excel完整學習 📄 Power BI大數據視覺化

上述相當於書籍定價屬性有每一本書的定價。前面實例步驟 6 的 Calculate 欄位，有下列選項可選擇。

功能選項	說明
Show original	列出原始數據
Show unique values	列出唯一值的數據
Count all	列出資料數
Count values	列出有資料的資料數

功能選項	說明
Count unique values	列出唯一值的資料數
Count empty	列出空值的資料數
Percent empty	列出空值筆數的百分比
Percent not empty	列出非空值筆數的百分比
Sum	加總
Average	平均
Median	中位數
Min	最小值
Max	最大值
Range	列出區間

假設筆者想要列出著作總定價，在 Calculate 欄位選擇 Sum，可以得到下列結果。

10-5　我的著作頁面佈局

10-5-1　將行內資料庫轉為整頁資料庫

首先在我的著作頁面將行內資料庫著作列表轉為整頁資料庫。

1：將滑鼠游標移到著作列表上方，Show All 左邊的圖示∷，按一下。

2：選擇 Turn into page，這個指令可以將著作列表資料庫轉成整頁資料庫，可以得到下列結果。

3：將滑鼠游標移到書籍分類上方，Table 左邊的圖示 ⠿ ，按一下。

4：選擇 Turn into page，這個指令可以將著作列表資料庫轉成整頁資料庫，可以
　　得到下列結果。

10-5-2　佈局我的著作頁面

現在筆者想要將頁面分成 2 欄，左邊是選單欄，右邊是內容，請參考下列步驟。

1：先點選書籍分類左邊的圖示 ＋ ，在書籍分類下方增加一個區塊。

2：輸入著作選單，按 Enter 鍵。

3：輸入內容。

4：將滑鼠游標移到著作選單左邊的圖示 ⠿，拖曳到著作列表的上方，當出現水
　平藍色線條，再放開滑鼠按鍵，可以得到下列結果。

5：將滑鼠游標移到內容左邊的圖示 ⠿，拖曳到著作選單該列最右邊，當出現垂
　直藍色線條，再放開滑鼠按鍵，下列是過程。

6：請拖曳第 2 欄的邊界線，調整欄寬，可以得到下列結果。

10-5-3　美化選單欄

選單欄也可以稱側邊欄，請將滑鼠游標移到著作選單左邊的圖示⣿，按一下，然後執行 Turn into/Callout。

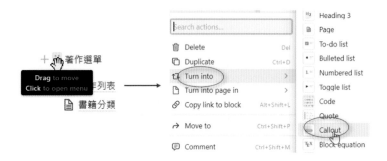

可以得到下列結果。

10-6　設計同步區塊選單

所謂的同步區塊 (Synced Block) 是指區塊內選單所指的內容可以同步更新，最大的好處是當內容更新時，不需個別更新選單內容。這一節會說明將選單處理成同步區塊，未來點選選單時可以獲得最新的內容。

10-6-1　建立同步區塊

首先將著作選單改為同步區塊，步驟如下：

1：將滑鼠游標移到著作選單左邊的圖示 ⠿，按一下，然後執行 Turn into/Synced block。

2：步驟 1 執行後，未來將滑鼠游標移至著作選單，可以看到紅色線條外框，這就是同步區塊的標記。

10-6-2 編輯同步區塊選單

同步區塊內容可以是文字、圖片、資料庫或是頁面連結，本節實例事先建立頁面連結選單。

1：將滑鼠游標移到著作選單右側，按一下，請參考下方左圖。

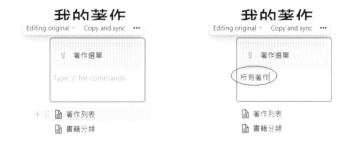

2：輸入所有著作，請參考上方右圖

3：將滑鼠游標移到所有著作左邊的圖示 ⠿，按一下，然後執行 Turn into/Page。

4：可以得到下列結果。

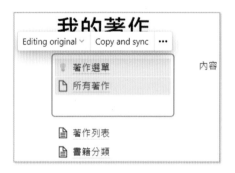

10-6-2　在同步區塊選單內建立分隔線

請將滑鼠游標放在所有著作下方，按一下，然後輸入 "---"，再按 Enter 鍵，可以得到建立分隔線。

10-6-3 將著作列表與書籍分類移至同步區塊選單

將滑鼠游標移到著作列表左邊的圖示 ⠿，拖曳到分隔線下方，再放開滑鼠按鍵，下列是過程與結果。

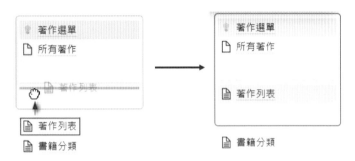

參考上述步驟，將滑鼠游標移到書籍分類左邊的圖示 ⠿，拖曳到著作列表下方，再放開滑鼠按鍵，下列是過程與結果。

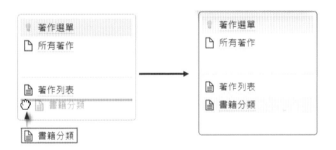

10-7 建立著作列表的 Gallery 檢視

10-7-1 建立預設的 Gallery 檢視

從 9-5-5 節可以知道 Gallery 檢視的特色是可以用圖卡方式檢視，圖卡內可以有圖檔，這一節將敘述圖卡內顯示的是書籍封面。

1：請選取第 2 個欄位的內容字串。

2：輸入 "/g"，然後選擇 Gallery view。

3：出現 Select data source 對話方塊，這是選擇要顯示的資料庫內容，請選擇著作列表。

4：儘管步驟 2 選擇的是 Gallery view，不過目前頁面仍是以 Table 檢視。

5：將滑鼠游標移到著作列表資料庫右邊的圖示 ⋯ ，按一下，在 Layout 欄位請選擇 Gallery。

6：請按 Layout 右邊的關閉圖示 ✕ ，可以得到下列以 Gallery 檢視著作列表的結果。

註　往下拖曳可以看到其他書籍圖卡。

10-7-2　建立封面圖檔

在 ch10 資料夾有本章節所述 5 本書籍的圖檔，請參考下列實例步驟分別將圖檔存入著作列表資料庫。

1：點選任何一張書籍圖卡，然後在最下方按一下 +Add a property，這個動作主要是在資料庫內建立封面圖檔屬性。

2：請選擇屬性型態 Files & media。

3：然後輸入書籍封面為屬性名稱。

4：請將滑鼠游標移到空白位置按一下，可以得到下方左圖成功建立書籍封面屬性了。

5：現在書籍封面屬性是沒有圖檔的，下一步是載入圖檔。請按一下書籍封面右邊的 Empty，然後點選 Choose a file。

6：出現開啟對話方塊，請選擇 ch10 資料夾的邁向賭神之路。

7：按開啟鈕，可以載入圖檔，可以看到書籍封面右邊已經有圖檔了。

　　執行完後可以按一下頁面上方的圖示 ∨ ，可以載入下一本書的圖檔。**註**：因為書籍封面屬性欄位已經建立完成，所以下一本書起，可以不用建立書籍封面屬性，直接載入圖檔即可。下列是分別載入其他 4 本書封面圖檔的結果。

讀者可以按一下空白位置，可以關閉上述書籍資料對話方塊。

10-7-3　調整 Card preview 預覽內容

回到 Gallery 檢視，書籍封面仍未顯示，請將滑鼠游標移到 Show All 右邊的圖示
… 。

請點選 Layout，可以看到下列屬性內容。

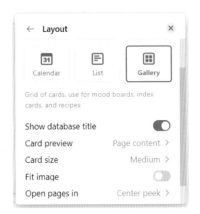

上述各屬性的意義如下：

Show database title：是否顯示資料庫標題，此例標題是著作列表，目前是顯示
此列表。

Card preview：書籍圖卡預覽內容。

Card size：書籍圖卡的大小，有 Small、Medium、Large 選項，預設是 Medim。

Fit image：圖片是否完整顯示，預設是不完整顯示。

Open pages in：開啟頁面的位置。

此例，筆者按一下 Card preview，然後選擇書籍封面。

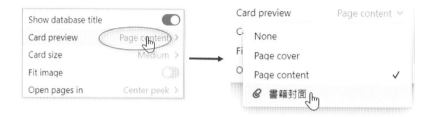

將滑鼠游標移到空白頁面，按一下，可以得到下列 Gallery 檢視的結果。

10-7-4　調整預覽書籍封面位置

　　將滑鼠游標移到預覽書籍封面可以看到 Reposition 字串，點選 Reposition，滑鼠游標外型將變為 ✥，這時可以拖曳圖片，拖曳完成後請點選 Save position，下列是筆者示範的結果。

　　下列是筆者頁面往下捲動的示範輸出，其實皆是在同一欄，為了節省版面筆者分 2 欄輸出。 註 ：如果縮小視窗顯示畫面，也可以讓螢幕分多列輸出 Gallery 檢視。

Python數據科學

Excel完整學習

C語言最強入門

Power BI大數據視覺化

10-7-5　Fit image

在建立 Gallery 檢視時，如果設定 Fit image 屬性，可讓書籍封面完整顯示，但是書籍封面會縮小。

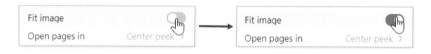

筆者縮小頁面顯示，可以得到下列 Gallery 檢視的結果。

10-7-6　增加書籍圖卡的屬性

從上述執行結果可以看到每一張書籍圖卡只有顯示 Title 屬性的書籍名稱，請將滑鼠游標移到書籍列表資料庫右上方的圖示 •••。

按一下圖示 •••，可以看到 Properties 欄位顯示 1 shown，表示目前只顯示一個屬性。

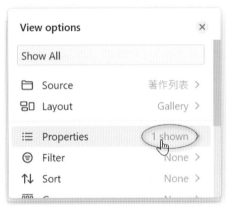

請點選 Properties 欄位，可以得到下結果。

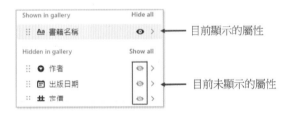

按一下圖示 ◉，就可以將未顯示的屬性改為顯示，下列是點選 作者 右邊的圖示 ◉ ，書籍圖卡顯示作者的結果。

10-8 設計所有著作選單的頁面

10-8-1　認識切換頁面

在前一節，讀者皆是在我的著作頁面，所以視窗上方可以看到我的著作目錄。

如果點選所有著作選單，可以進入所有著作子頁面，可以得到下列結果。

上述所有著作頁面仍是空的，下一節會在此頁面建立同步區塊。未來如果想要回到我的著作頁面，可以點選頁面上方的我的著作目錄即可，如下所示：

10-8-2　複製同步區塊選單

這一小節是要將我的著作頁面的同步區塊選單複製到所有著作頁面的左側欄，相當於會在所有著作頁面建立 2 欄版面，步驟如下：

1：請先進入我的著作頁面。

2：將滑鼠游標移到所有著作下面，按一下，同步區塊選單上方可以看到 Copy and sync，請點選此功能，這是複製了同步區塊選單。

3：點選所有著作進入此頁面。

4：按一下右上方的圖示•••，然後設定 Full width 將所有著作頁面改為寬版面。

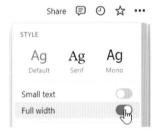

5：按一下所有著作標題下方，接著要建立 2 欄版面，請輸入 "/2c"，然後請點選 2 columns 版面。

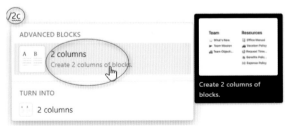

6：將滑鼠移到 2 個版面中間，看到垂直線條，往左拖曳適度建立左邊版面寬度。

所有著作

7：按一下所有著作下方的左側欄。

所有著作

Type '/' for commands

8：同時按 Ctrl + v，可以將步驟 2 複製的同步區塊選單貼到所有著作頁面的左側欄。

10-8-3　複製連結著作列表資料庫

現在若是點選所有著作頁面同步區塊選單的所有著作，可以看到沒有內容的右側版面。

現在是要將著作列表資料庫連結到所有著作頁面的右側版面。

1：將滑鼠游標移到右側版面按一下。

所有著作

💡 著作選單　　　　　　　　　Type '/' for commands
📄 所有著作

2：輸入 "/"，然後選擇 linked view of database。

3：請選擇著作列表。

4：可以看到下列 Table 檢視的內容。

5：接著要將 Table 檢視改為 Gallery 檢視，請點選 Show All，點選 Layout，選擇 Gallery，同時 Card preview 選擇書籍封面，可以得到下列結果。

10-9 同步區塊內建立新的選單與內容

這一節要在同步區塊選單內建立益智、程式語言、職場應用選單，可以篩選著作類別。

10-9-1　建立益智 / 程式語言 / 職場應用選單

這一節是要在所有著作選單下方建立益智選單。

1：將滑鼠游標移到所有著作右邊的圖示 ⋯ ，按一下，執行 Duplicate。

2：可以看到所有著作 (1)，下一步是要將此名稱改為益智。

3：將滑鼠游標移到所有著作(1)右邊的圖示 ⋯ ，按一下，執行 Rename，輸入益智。

4：接著將 Show All 改為益智，點一下 Show All 右邊的圖示 ∨ ，點選 Show All 右邊的圖示 ⋯ ，再執行 Rename。

5：輸入益智，再點一下益智選單可以得到下列結果。

註 上述益智選單仍是可以看到所有書籍內容,下一節會講解篩選 (Filter) 功能 篩選要顯示的書籍。

6:將滑鼠游標移到益智右邊的圖示 ⋯ ,按一下,執行 Duplicate。

7:可以看到益智 (1),下一步是要將此名稱改為程式語言。

8:將滑鼠游標移到益智 (1) 右邊的圖示 ⋯ ,按一下,執行 Rename,輸入程式語言。

9:接著將 Show All 改為程式語言,點一下 Show All 右邊的圖示 ∨ ,點選 Show All 右邊的圖示 ⋯ ,再執行 Rename。

10:輸入程式語言,再點一下程式語言選單可以得到下列結果。

11:將滑鼠游標移到程式語言右邊的圖示 ⋯ ,按一下,執行 Duplicate。

12:可以看到程式語言 (1),下一步是要將此名稱改為職場應用。

13:將滑鼠游標移到程式語言 (1) 右邊的圖示 ⋯ ,按一下,執行 Rename,輸入職場應用。

14：接著將 Show All 改為職場應用，點一下 Show All 右邊的圖示 ⌄，點選 Show All 右邊的圖示 ⋯，再執行 Rename。

15：輸入職場應用，再點一下職場應用選單可以得到下列結果。

10-9-2　篩選選單內容

下列是分別篩選益智、程式語言和職場應用的內容。

1：點選益智選單，進入益智頁面。

2：滑鼠游標移到益智右邊的 Filter，再選擇 ↗ 類型。

3：現在有 3 個篩選條件，請選擇益智。

4：現在這個益智選單只剩下邁向賭神之路這本書了。

5：點選程式語言選單，進入程式語言頁面。

6：滑鼠游標移到程式語言右邊的 Filter，再選擇 ↗ 類型 。

7：現在有 3 個篩選條件，請選擇程式語言。

8：現在這個程式語言選單可以看到 2 本書。

9：點選職場應用選單，進入職場應用頁面。

10：滑鼠游標移到職場應用右邊的 Filter，再選擇 ↗ 類型 。

11：現在有 3 個篩選條件，請選擇職場應用。

12：現在這個職場應用選單可以看到 2 本書。

Excel完整學習

10-10 建立我的著作時間軸

筆者在著作列表資料庫有書籍的出版日期屬性，有這個屬性就可以建立著作時間軸。

10-10-1 建立著作時間軸選單

我們可以用複製方式建立著作時間軸選單。

1：點選職場應用右邊的圖示 … ，執行 Duplicate。

2：將職場應用 (1) 改為著作時間軸，將職場應用的 view，改為著作時間軸的 view。

10-10-2　刪除篩選 Filter 設定

現在著作時間軸頁面是篩選的職場應用類別，下列是刪除篩選，顯示所有著作資料。

1：將滑鼠游標移到著作時間軸 view 右邊的 Filter 按一下。

2：點選 類型: 職場應用 ，然後點選類型 contains 右邊的圖示 ...。

3：執行 Delete filter，就可以刪除篩選。

10-10-3　建立 Timeline 檢視

這一節主要是建立 Timeline 檢視筆者的著作。

1：點選著作時間軸右邊的圖示 ...。

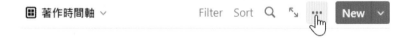

2：執行 Layout，然後選擇 Timeline。

3：從上述可以看到 Show timeline by 欄位內容是出版日期，表示可以依出版日期看到著作時間軸內容。

4：請將 Month 改為 Year，這樣就可以在著作時間軸看到著作名稱。

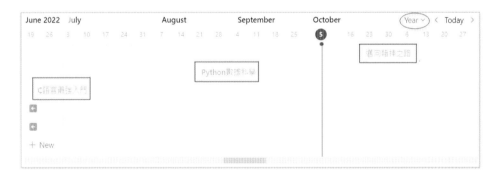

上述是只顯示著作名稱，若是想要檢視更多內容，可以點選著作時間軸右邊的圖示 ⋯，執行 Properties，然後點選要顯示的項目。例如：筆者點選書籍封面右邊的圖示 👁，如下：

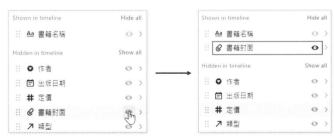

就可以在著作時間軸上看到著作的封面。

June 2022	July					August				September				October				Year ⌄	‹ Today ›

第 11 章
認識與建立範本

　　使用 Notion 過程，可能尚未決定頁面的規劃方式，這時可以參考 Notion 的範本，或是覺得範本很好，也可以直接使用，省去設計頁面的時間，這一節將介紹 Notion 官方的範本。同時如果覺得自己設計的頁面很好，也可以將頁面用範本方式儲存。學完本章，讀者可建立下列頁面。

11-1　Notion 的預設範本

11-1-1　Notion 頁面預設範本

　　初次開啟 Notion 時，頁面目錄區顯示的就是 Notion 的預設範本，如下所示：

11-1-2　更多 Notion 範本

請點選 + Add a page 增加頁面，可以建立 Untitled 頁面。

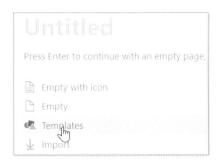

上述若是點選 Templates 可以看到 Notion 預設的範本類別選單。

在上述最下方可以看到 Browse more templates，若是點選可以看到更多範本，將在 11-3 節說明。

11-1-3　Personal 範本

如果點選 Personal，可以看到原來我們進入 Notion 環境，Notion 呈現的就是 Personal 範本，下列是筆者點選 Quick Note 範本顯示的結果。

開啟Notion呈現的預設範本

11-2　應用範本的實例

應用範本的方法很簡單，只要在適當的位置書入內容即可。

11-2-1　應用 Personal Home 範本

請點選 Notion 預設的範本 Personal Home，可以看到下列畫面。

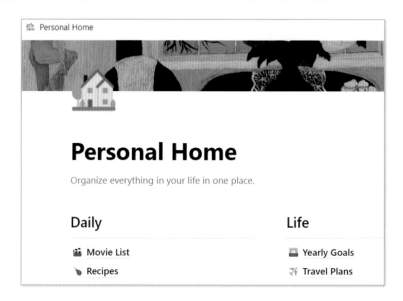

讀者可以適當輸入個人資料即可，下列是筆者的輸入。

11-2-2　學生 Student 範本 – Simple Budget

請點選 +Add a page，可以看到空白頁面，請點選 Templates。**註**：讀者可以參考 11-1-2 節。請點選 Student，再點選 Simple Budget 範本，可以看到下列畫面。

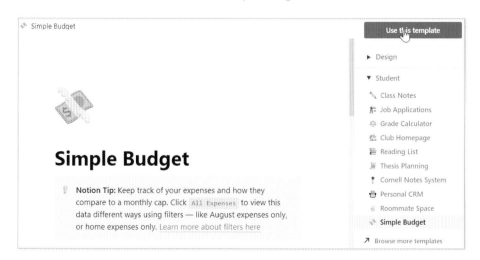

點選範本名稱上方的 Use this template，可以正式下載此範本到頁面編輯區。

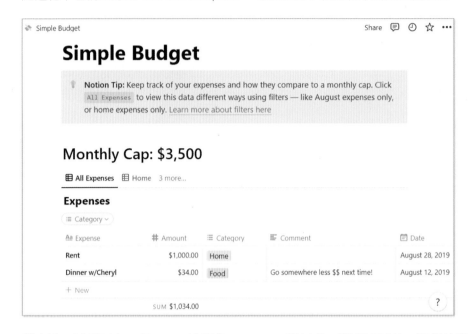

　　從上述可以看到有一個 Table 檢視的 Expenses 資料庫，讀者可以輸入適當的費用資料，就可以進行預算的掌控。

11-2-3　學生 Student 範本 – Reading List

　　這也是一個不錯的範本，由這個範本我們可以建立自己的閱讀計畫，多讀書可以培養自信，建立獨立思考的能力，下列是此頁面的內容。

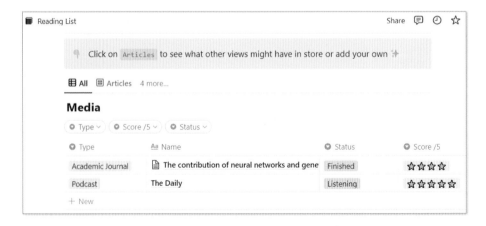

11-3　更多範本 Browse more templates

11-3-1　認識更多範本

請參考 11-1-2 節末端，點選 Browse more templates，可以看到更多頁面範本，首先可以看到當月優選範本 (Templates of month)，會有多個優選範本用輪播方式展現。

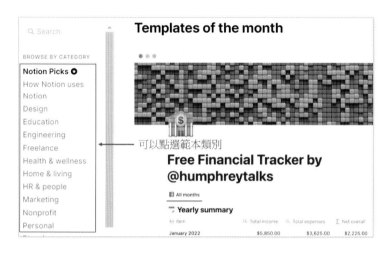

可以點選範本類別

註 上述範本的網址是 https://notion.so/templates

往下捲動可以看到 Notion 精選範本 (Notion Picks)，會有許多 Notion 精選範本展示，部分範本下載需要費用，會在範本下端註明。

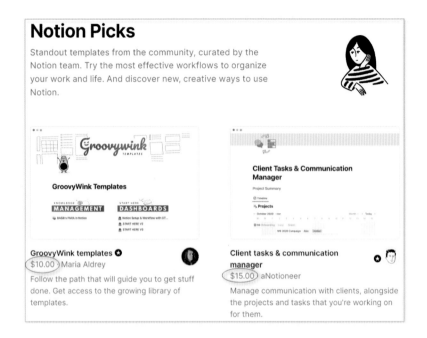

11-3-2　應用範本

應用上述範本步驟和 11-2 節不同，下列是筆者示範應用 Education 類別 Online Learning Tracker 範本的步驟。

1：選擇 Education 範本類別，然後選定 Online Learning Tracker 範本。

2：將滑鼠游標放在此範本頁面。

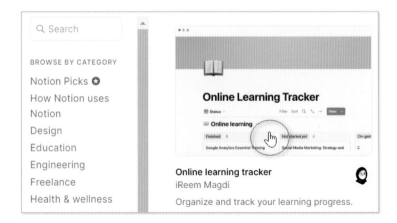

3：按一下，可以看到下列畫面。

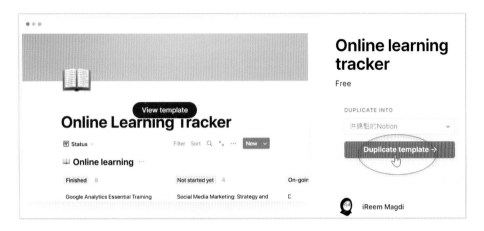

4：請按 Duplicate template，就可以將此頁面複製下載到個人頁面區。

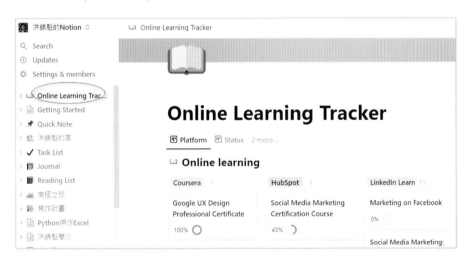

11-4 自訂範本

使用 Notion 久了，可以將常用的架構儲存成範本，未來再加以引用。有 2 種方式可以自訂範本：

方法 1：先建立頁面，再將此頁面拖曳至範本 Template 設定區，建議從已經建立好的頁面拖曳至範本 Template 設定區，比較便利，這也是本章採用的方法。

方法 2：先建立範本 Template 設定區，然後在此設定區建立範本內容。

11-4-1　建立自訂範本

第 6 章筆者建立了洪錦魁簡介頁面，我們可以將此頁面儲存成範本。

11-4-1-1：保存執行結果

為了保存每一章的執行結果，下列是先複製此一頁面。

1：將滑鼠游標移到洪錦魁簡介頁面右邊的圖示 ⋯，按一下。

2：請執行 Duplicate，可以複製得到洪錦魁簡介 (1) 頁面。

3：請將滑鼠游標移到洪錦魁簡介 (1) 頁面右邊的圖示 ⋯，按一下請執行 Rename。

4：然後輸入容易辨識的名稱，此例筆者輸入我的簡介，點選我的簡介頁面可以得到下列結果。

11-4-2 建立簡介範本

這一節的實例會建立簡介範本，基本上是先建立一個空範本，再將前一小節所建了頁面載入。

1：請點選 + Add a page。

2：請將 Untitled 改為簡介範本。

3：將滑鼠游標移到簡介範本下面，按一下，在將滑鼠游標移至左邊的圖示＋，按一下。

4：然後執行 Template button。

5：請設定 Button name 欄位為我的簡介。

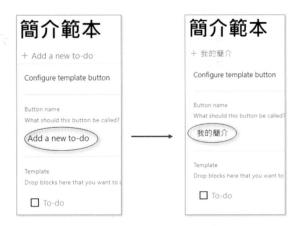

6：請刪除下方的 To-do 區塊，方法是將滑鼠游標移到 To-do 的左邊圖示，按一下，然後執行 Delete。

7：可以得到下列刪除 To-do 區塊的結果。

8：下一步是拖曳我的簡介範本到原先的 To-do 區塊。

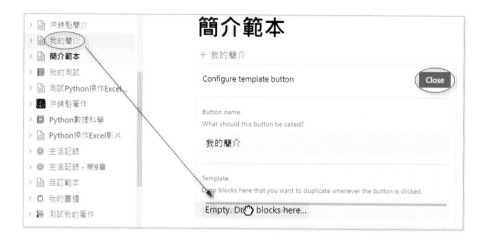

9：可以得到下列結果。

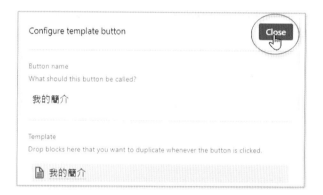

10：按 Close。

首先將看到下列範本內容。

如果將滑鼠游標移至我的簡介，如下：

點選後可以進入我的簡介頁面，如果點一次頁面上方目錄的簡介範本，就可以看到下面完整呈現的範本頁面。

11-4-3　進階設定

範本建立完成後，如果想要更進一步設定，可以將滑鼠游標移到範本右邊的圖示⚙。

按一下可以進入範本 Template 設定區。

編輯完後，按一下右上方的 Close 即可儲存。

第 12 章
頁面匯出、上傳與下載

　　6-10 節筆者建立了 洪錦魁簡介 頁面，有一點單調，這一節筆者先美化此頁面，然後用此頁面講解頁面匯出成 PDF 檔案，接著再講解將 PDF 檔案上傳的技巧。

　　註　個人免費版，上傳檔案限制是 5M。

12-1　複製與美化

　　請先複製 洪錦魁簡介 頁面，同時將複製的頁面改為為 洪錦魁簡介 – ch12，下列是 洪錦魁簡介 – ch12 頁面。

洪錦魁簡介 - ch12

洪錦魁簡介 - **ch12**

洪錦魁簡介

一位跨越電腦作業系統與科技時代的電腦專家，著作等身的作家，作品被翻譯為簡體中文、馬來西亞文，2000年作品更被翻譯為 Mastering HTML英文版行美國，近年來作品則是在北京清華大學和台灣深智同步發行。

著作

1：Python最強入門邁向頂尖高手之路
2：OpenCV影像創意邁向AI視覺
3：Python網路爬蟲

聯繫方式

jiinkwei@me.com
cshung1961@gmail.com

　　註　複製的目的是要保存每一章的執行結果。

12-1-1　美化標題

　　這一小節會將 洪錦魁簡介 字串改為格式為藍色，請將滑鼠游標移到洪錦魁簡介左邊的圖示 ⸬，按一下，然後執行 Color/Blue，如下所示：

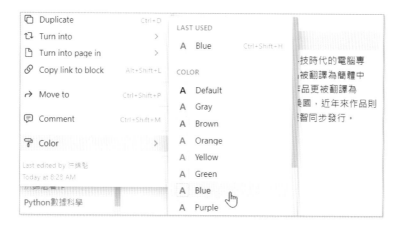

可以得到下列結果。

洪錦魁簡介

一位跨越電腦作業系統與科技時代的電腦專
家，著作等身的作家，作品被翻譯為簡體中

用相同觀念，將著作和聯繫方式標題改為橘色 (Orange)，可以得到下列結果。

洪錦魁簡介

一位跨越電腦作業系統與科技時代的電腦專
家，著作等身的作家，作品被翻譯為簡體中
文、馬來西亞文，2000年作品更被翻譯為
Mastering HTML英文版行美國，近年來作品則
是在北京清華大學和台灣深智同步發行。

著作

1：Python最強入門邁向頂尖高手之路
2：OpenCV影像創意邁向AI視覺
3：Python網路爬蟲

聯繫方式

jiinkwei@me.com

cshung1961@gmail.com

12-1-2　美化標題下方的內容

請將滑鼠游標移到 " 一位跨越 …" 段落左邊的圖示，按一下，然後執行 Color/
Yellow background。

可以得到下列結果。

洪錦魁簡介

一位跨越電腦作業系統與科技時代的電腦專
家、著作等身的作家，作品被翻譯為簡體中
文、馬來西亞文，2000年作品更被翻譯為
Mastering HTML英文版行美國，近年來作品則
是在北京清華大學和台灣深智同步發行。

請用相同觀念處理著作下方的段落，顏色使用 Color/Pink background，可以得到
下列結果。

12-2 頁面匯出 Export

頁面匯出 (Export) 的步驟如下：

1：將滑鼠游標移到頁面右上方的圖示，請執行 Export，可以看到下列畫面。

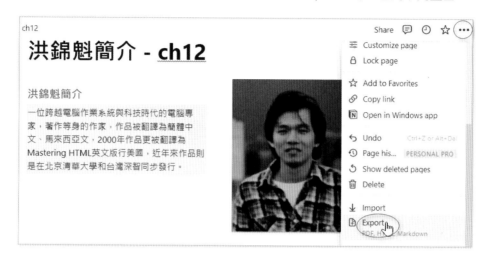

2：然後在 Export Format 選擇 PDF。

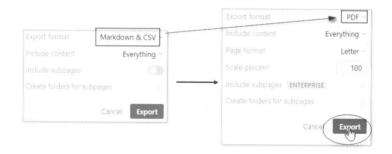

註 有預設的 Markdown & CSV、PDF 和 HTML 等 3 個格式選項。

3：按 Export，可以在瀏覽器下方看到輸出。

上述就是頁面匯出的檔案，筆者存入 ch12 資料夾。

12-3　頁面插入 PDF 檔案

12-3-1　建立洪錦魁簡介 PDF 頁面

請按一下 + Add a page，新增加一頁空白頁面，請輸入頁面標題，此例筆者輸入洪錦魁簡介 PDF。

12-3-2　將 PDF 上傳

下列是將前一小節的 PDF 檔案插入目前頁面的實例。

1：將滑鼠游標移到洪錦魁簡介下方按一下，然後輸入 "/pdf"。

2：請點選 PDF。

3：請按一下 Choose a file。

4：在開啟對話方塊請選擇 ch12 的 洪錦魁簡介 _-_ch12.pdf 檔案，按 開啟 鈕後，可以得到下列結果。

上述可以拖曳四周的控點調整顯示框大小，也可以拖曳捲軸顯示更多內容，右上方有功能鈕，可以執行更多編輯工作。

　：Comment，可以建立註解文字。

　：Align，可以選擇對齊方式。

　：Caption，可以建立標題。

　：Download，可以下載此 PDF 檔案，未來可以分享這個頁面，受到分享的人就可以下載此 PDF 檔案。

12-4　下載 PDF 檔案

有時候我們想將 PDF 檔案與朋友分享，可以將 PDF 檔案上傳，可以參考前一節的內容。然後將此頁面網址複製給朋友，未來朋友下載此 PDF 檔案，就可以達到分享的目的。

繼續前一小節的內容，在 PDF 框右上方可以看到 Download 圖示　，將滑鼠游標移到此 Download 圖示。

按一下就可以下載此 PDF 檔案，瀏覽器左下方可以看到所下載的 PDF。

第 13 章
Notion 小工具 - Indify

Indify 是一個網站，這個網站提供 Notion 頁面設計的工具，使用這些工具可以設計動態時鐘 (Clock)、天氣預報 (Weather)、倒數計時 (Countdown)、日曆 (Google Calendar)、計數器 (Counter) … 等，這些功能可以提升頁面的視覺效果。

註　組件工具 (Widget) 不斷增加中。

閱讀完本章，讀者可以建立下列頁面。

13-1 Indify 網站

13-1-1 進入 Indify 網站

Indify 網站的網址如下：

http://idify.co

輸入上述網址後，可以看到下列網頁畫面。

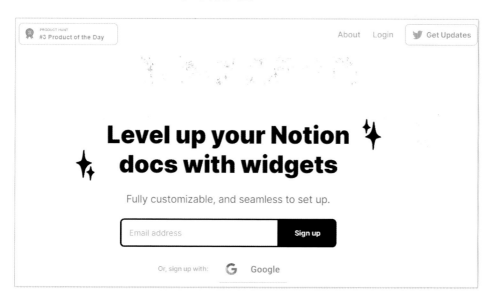

13-1-2　註冊

在使用 Indify 網站的工具前，需先在網站註冊，可以使用 Email 或是直接使用 Google 的 Gmail 註冊。下列是筆者使用 Gmail 註冊的步驟。

1：點選 Google。

2：如果有多個 Gmail 帳號會要求選擇帳號，如下：

3：此例筆者選自己的帳號如上，按一下。

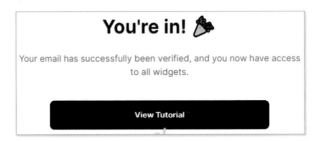

見到上述畫面表示註冊成功了，可以正式使用 Indify。上述若是點選 View Tutorial，可以看到線上教學使用 Indify，可以參考下一小節。

13-1-3 Indify 的線上教學

Indify 線上教學基本上是使用英文，如下所示。

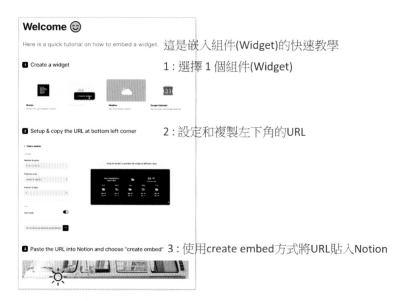

上述筆者增加了中文註解，相信讀者可以清楚了解使用 Indify 工具的基本觀念。

13-2 應用 Indify 的 Weather 工具

這個工具可以顯示我們所在地區的天氣，同時可以提供未來 7 天的天氣預報。

13-2-1 先前準備工作

請建立我愛台北頁面，此標題下方建立 Callout 區塊，此區塊內容是 " 家鄉天氣 "，區塊色彩 (Color) 是使用 Yellow background。

13-2-2　啟用 Weather 組件

下列是建立 Weather 組件 (widget) 的方法。

1：將滑鼠游標指向 Weather 組件。

2：按一下，首先會要求輸入組件的名稱，筆者輸入 台北的天氣。

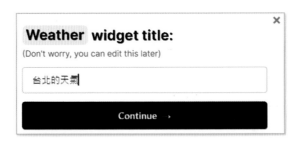

3：點選 Continue，可以建立此組件，組建建立需要一些時間，完成後可以看到下列系列需要環境設定的畫面。

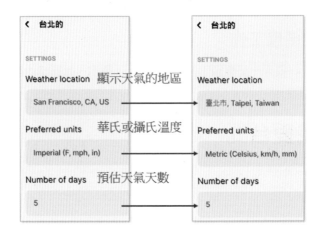

註 如果要刪除上述組件，可以在台北的天氣最右邊看到圖示 🗑️ ，按此圖示就可以刪除此組件。

上述除了顯示天候的地區和溫度改為攝氏溫度外，其他皆用預設，此時可以獲得下列預覽的 Weather 組件。

組建建立完成後，可以在自己的工作區看到組件內容，未來如果不需要也可以按右上角的刪除圖示 ⊗ 刪除此組件。

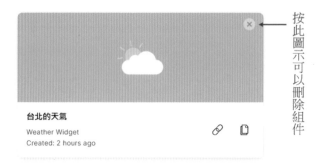

按此圖示可以刪除組件

13-2-3　台北的天氣的 Weather 組件嵌入實戰

13-2-1 節筆者建立了我愛台北頁面，上一小節建立了台北的天氣的 Weather 組件，下列是將台北的天氣組件嵌入我愛台北頁面的實例。

1：點選台北的天氣組件連結的圖示 🗒️。

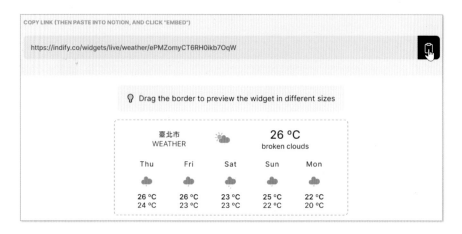

2：複製過程可以看到 Copied to Clipboard! 字串。

3：請切換至 Notion 的我愛台北頁面，將滑鼠游標移到家鄉天氣字串右側，可以參考下方左圖。

4：按 Enter 鍵，可以得到上方右圖。

5：同時按 Ctrl + v 鍵。

6：請選擇 Create Embed，可以得到下列結果。

13-2-4　Weather 組件的功能表

若是將滑鼠游標移到 Weather 組件內，可以看到功能表，如下：

上述功能按鈕表意義如下：

💬：Comment，加上評論。

⬜⌄：Align，調整組件水平對齊方式，筆者比較常選用置中對齊。

🖥：Caption，加上標題

↗：Original，復原組件大小。

•••：更多功能。

上述觀念適用其他所有 Indify 的組件工具。

13-3　應用 Indify 的 Clock 工具

這個工具可以用時鐘方式顯示我們所在地區的時間。

13-3-1　先前準備工作

請建立現在時間頁面，此標題下方建立 Callout 區塊，此區塊內容是 " 我的時鐘 "，區塊色彩 (Color) 是使用 Yellow background，同時將我的時鐘改為藍色字。

　　註　選取文字，按 A ⌄，Color 選擇 Blue。

13-3-2 啟用 Clock 組件

下列是建立 Clock 組件 (widget) 的方法。

1：將滑鼠游標指向 Clock 組件。

2：按一下，首先會要求輸入組件的名稱，筆者輸入台北時間。

3：點選 Continue，可以建立此組件，組建建立需要一些時間，完成後可以看到下列系列需要環境設定的畫面。註：這個組件可以完全使用預設，就可以得到類比式 (Analog) 的時鐘。

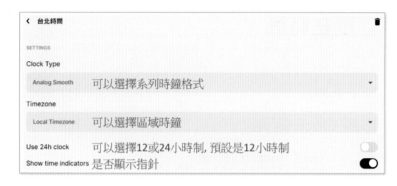

下列是時鐘格式 (Clock Type) 的說明實例，預設是 Analog Smooth。

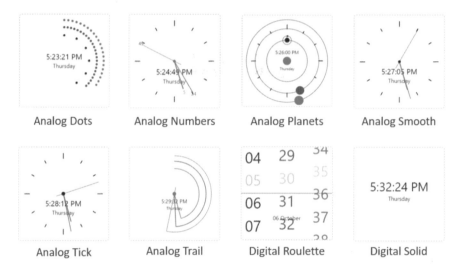

| Analog Dots | Analog Numbers | Analog Planets | Analog Smooth |

| Analog Tick | Analog Trail | Digital Roulette | Digital Solid |

4：下列是其他環境的設定說明。

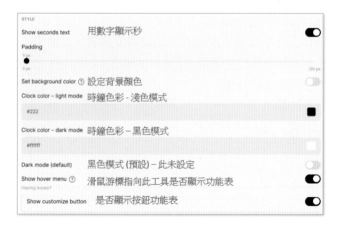

13-3-3　台北時間的 Clock 組件嵌入實戰

13-3-1 節筆者建立了現在時間頁面，上一小節建立了台北時間的 Clock 組件，下列是將台北時間組件嵌入我愛台北頁面的實例。

1：點選台北時間組件連結的圖示　。

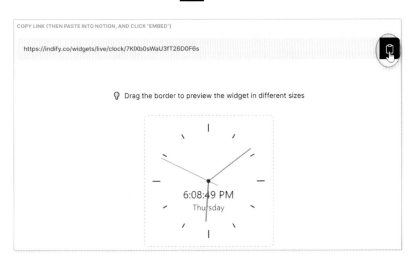

2：複製過程可以看到 Copied to Clipboard! 字串。

3：請切換至 Notion 的現在時間頁面，將滑鼠游標移到我的時鐘字串右側。

4：按 Enter 鍵，可以得到上方右圖。

5：同時按 Ctrl + v 鍵。

6：請選擇 Create Embed，可以得到下列結果。

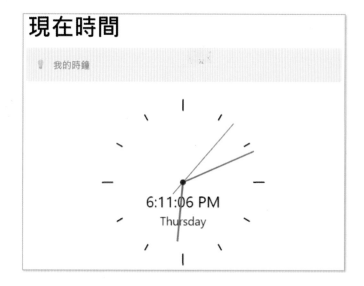

13-4　應用 Indify 的 Image Gallery 工具

這個影像畫廊 (Image Gallery) 工具可以用互動式顯示我們上傳的圖。

13-4-1 先前準備工作

請建立著作輪播頁面,此標題下方建立 Callout 區塊,此區塊內容是 "2022 年的著作 ",區塊色彩 (Color) 是使用 Yellow background,同時將 2022 年的著作改為藍色字。

註 選取文字,按 A ∨,Color 選擇 Blue。

13-4-2 啟用 Image Gallery 組件

下列是建立 Image Gallery 組件 (widget) 的方法。

1:將滑鼠游標指向 Image Gallery 組件。

2:按一下,首先會要求輸入組件的名稱,筆者輸入 2022 年的著作。

3：可以建立組件，接下來必須至少上傳 1 張影像。

註 如果要動態輪播需要付費，其他設定請使用預設。筆者上傳了 ch13 資料夾
的 3 個影像檔案如下：

C 語言 .jpg
Python_Excel.jpg
Python 數據科學 .jpg

4：可以得到下列結果。

5:視窗往下捲動可以得到下列結果。

13-4-3 2022 年的著作組件嵌入實戰

13-4-1 節筆者建立了著作輪播頁面,上一小節建立了 2022 年的著作的 Image Gallery 組件,下列是將 2022 年的著作組件嵌入著作輪播頁面的實例。

1:點選 2022 年的著作組件連結的圖示。

2：複製過程可以看到 Copied to Clipboard! 字串。

3：請切換至 Notion 的著作輪播頁面，將滑鼠游標移到 2022 年的著作字串右側。

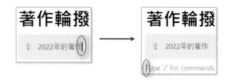

4：按 Enter 鍵，可以得到上方右圖。

5：同時按 Ctrl + v 鍵。

6：請選擇 Create Embed，可以得到下列結果。

13-5 Notion 與 Indify 組合應用

　　本章舉例了 3 個 Indify 組件工具，使用了一個欄位方式安置組件工具，Notion 是很活的工具可以在同一列輕鬆建立多個欄位的版面，或是不同寬度的版面，這一節則是用實例建立下列版面的頁面，然後將圖片、影片、載入或是將組件嵌入頁面。

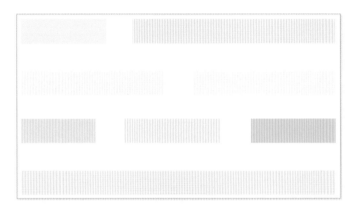

13-5-1 建立頁面標題和內容主題

　　請先建立下列頁面標題和內容。

洪錦魁在Notion的家

力爭上游
台北天氣
著作等身
台北時間
最新著作
書封展開
著作影片
2022年著作輪撥

　　請點選右上方的圖示 •••，然後設定 Full width 是寬版面。

13-5-2　建立 Callout 標題

　　請為力爭上游、台北天氣、2022 年著作輪播標題處理成 Callout 格式。讀者可以將滑鼠游標移到標題左邊的圖示⠿，按一下，然後執行 Turn into/Callout。

　　請將台北天氣處理成 Blue background，讀者可以將滑鼠游標移到標題左邊的圖示⠿，按一下，然後執行 Color/Blue background。

13-5-3　建立 Heading 3 標題

將剩下的標題處理成 Heading 3 標題，讀者可以將滑鼠游標移到標題左邊的圖示 ⁝⁝，按一下，然後執行 Turn into/Heading 3。

13-5-4　建立 Heading 3 標題的背景色

建立標題背景色，讀者可以將滑鼠游標移到標題左邊的圖示 ⁝⁝，按一下，然後執行 Color，在 BACKGROUND 欄位選擇適當的背景色，每一個標題的背景色分別如下：

著作等身：Brown background。

台北時間：Orange background。

最新著作：Yellow background。

書封展開：Blue background。

著作影片：Pink background。

可以得到下列結果。

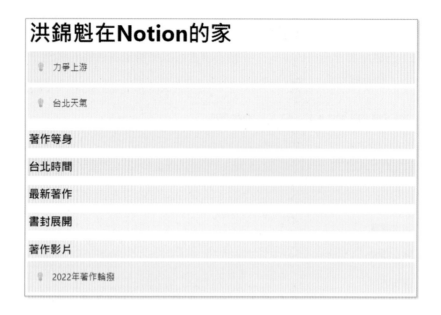

13-5-5　建立多欄位的版面

實例 1：將力爭上游與台北天氣處理成 2 個欄位。

　　1：將滑鼠游標移到台北天氣左邊的圖示 ⠿。

　　2：拖曳到力爭上游右邊，直到出現藍色垂直線。

　　3：可以得到下列結果。

　　讀者可以參考實例 1，將著作等身與台北時間處理成 2 個欄位，可以得到下列結果。

實例 2：將最新著作、書封展開和著作影片處理成 3 個欄位。

　　1：首先參考實例 1，將最新著作、書封展開處理成 2 個欄位。

　　2：將滑鼠游標移到著作影片左邊的圖示 ⠿ 。

　　3：拖曳到書封展開右邊，直到出現藍色垂直線。

最新著作	書封展開	

　　4：可以得到下列結果。

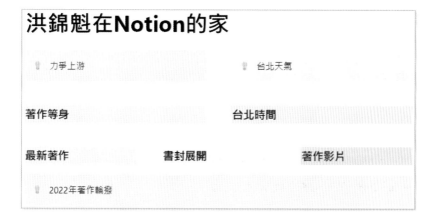

13-5-6　建立力爭上游圖片和台北天氣組件

實例 1：在力爭上游區塊下方插入 Hung.jpg。

1：將滑鼠游標移到力爭上游左邊的圖示＋，按一下然後執行 Image。

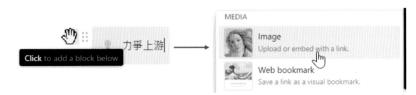

2：出現下列對話方塊，請選擇 Upload file。

3：出現開啟對話方塊，請選擇 ch13 資料夾的 Hung.jpg，然後按開啟鈕。

若是將滑鼠游標放在圖片右邊可以看到下列垂直線。

4：請點選圖示 🔲✓，然後選擇置中對齊圖示 🔲，可以得到下列結果。

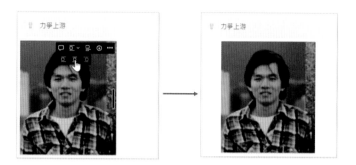

實例 2：在台北天氣欄位建立台北的天氣組件 (13-2-2 節建立)。

1：進入 Indify，調出台北的天氣組件，然後按圖示 📋。

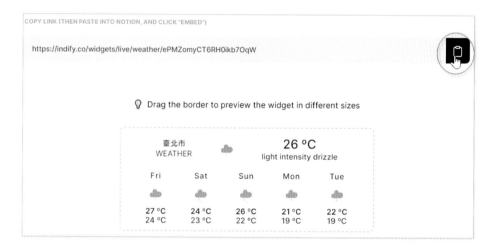

2：將滑鼠游標移到台北天氣左邊的圖示 ＋ ，按一下。

3：同時按 Ctrl + v，然後選擇 Create embed。

4：如果欄位寬度不足，將看到下列畫面。

5：請拖曳邊界線更改欄寬，可以得到下列結果。

13-5-7　建立著作等身圖片和台北時間組件

實例 1：在著作等身區塊下方插入著作等身 .jpg。

　　1：將滑鼠游標移到著作等身左邊的圖示＋，按一下然後執行 Image。

　　2：出現對話方塊，請選擇 Upload file。

3：出現開啟對話方塊，請選擇 ch13 資料夾的著作等身 .jpg，然後按開啟鈕，可以得到下列結果。

實例 2：在台北時間欄位建立台北時間組件 (13-3-2 節建立)。

1：進入 Indify，調出台北時間組件，然後按圖示 ▢ 。

2：將滑鼠游標移到台北時間左邊的圖示 ＋ ，按一下。

3：同時按 Ctrl + v，然後選擇 Create embed。

4：可以得到下列結果。

如果希望可以讓左邊的圖片和右邊的時鐘大小相等,可以縮小左邊的圖片,再選擇置中對齊,可以得到下列結果。

13-5-8 建立最新著作、書封展開圖片和著作影片

實例 1:在最新著作區塊下方插入 Python_Excel.jpg。

1:將滑鼠游標移到最新著作左邊的圖示+,按一下然後執行 Image。

2:出現對話方塊,請選擇 Upload file。

3:出現開啟對話方塊,請選擇 ch13 資料夾的 Python_Excel.jpg,然後按開啟鈕,可以得到下列結果。

實例 2：在書封展開區塊下方插入書封展開 .jpg。

1：將滑鼠游標移到書封展開左邊的圖示＋，按一下然後執行 Image。

2：出現對話方塊，請選擇 Upload file。

3：出現開啟對話方塊，請選擇 ch13 資料夾的書封展開 .jpg，然後按開啟鈕，可以得到下列結果。

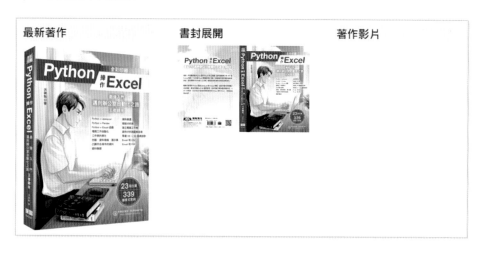

實例 3：在著作影片區塊下方插入 video.mp4。

1：將滑鼠游標移到著作影片左邊的圖示＋，按一下然後執行 Video。

2：出現對話方塊，請選擇 Upload，再選擇 Choose a video。

註　免費版的最大影片是 5M，你也可以將影片放在 YouTube，然後上述選擇 Embed link 將連結網址放在輸入框。

3：出現開啟對話方塊，請選擇 ch13 資料夾的書封展開 .jpg，然後按開啟鈕，可以得到下列結果。

　　為了美化，筆者在書籍展開下方增加一個空白列，在著作影片區塊下方也增加一個空白列，同時在影片下方增加書籍出版資訊，可以得到下列結果。

13-5-9　建立 2022 年著作輪播

　　下列是在 2022 年著作輪播欄位建立 2022 年的著作組件 (13-4-2 節建立)。

1：進入 Indify，調出 2022 年的著作組件，然後按圖示 ▢。

2：將滑鼠游標移到 2022 年著作輪播左邊的圖示＋，按一下。

3：同時按 Ctrl + v，然後選擇 Create embed。

4：可以得到下列結果。

第 14 章
網頁擷取 Notion Web Clipper

14-1：下載與安裝 Notion Web Clipper

14-2：使用 Notion Web Clipper 執行網頁擷取

　　Notion Web Clipper 是 Notion 推出的外掛軟體，主要功能是抓取網頁資訊，然後匯入我們指定的 Notion 頁面。

14-1　下載與安裝 Notion Web Clipper

安裝 Notion Web Clipper 可以參考下列步驟：

1：首先請輸入下列網址進入 Chrome 線上應用程式商店。

　　　https://chrome.google.com/webstore/category

2：然後在搜尋欄輸入 notion web clipper。

3：按一下上述中央 Notion 的浮世繪圖案，出現下列視窗畫面。

4：請點選加到 Chrome。

5：請點選新增擴充功能。

上述筆者選擇開啟同步功能，相當於所有裝置可以使用 Notion Web Clipper 功能。

14-2 使用 Notion Web Clipper 執行網頁擷取

當瀏覽一個網頁覺得有價值想要擷取，儲存成一個頁面時，可以使用這個功能，下列是筆者擷取深智數位公司網頁的實例。

1：首先輸入深智數位公司的網址。

https://deepmind.com.tw

2：可以進入深智數位公司網頁。

3：在網址列右上方可以看到圖示 ，請點選此圖示。

4：請點選 Notion Web Clipper，可以看到下列畫面。

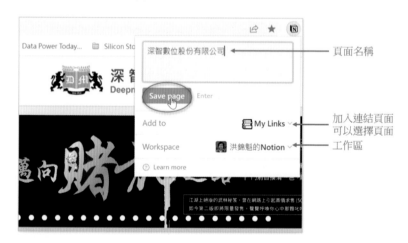

註 上述 My Links 是預設頁面，可以點選此欄位，然後選擇此複製頁面要存放的位置。

5：上述頁面名稱、My Links、與工作區皆是預設，上述請點選 Save page，可以看到下列畫面。

上述點選 Open in Notion 就可以看到深智的網頁內容。

第 15 章
頁面連結

頁面連結基本上可以分成母子頁面的連結和獨立頁面的連結，本章會做說明。此外，本章也會說明反向連結 (backlink) 的知識，讀完本章讀者可以建立下列頁面。

寫作計畫

未來寫作計畫		今年完稿
☐ C#最強入門		📄 C 語言
☐ C++最強入門		📄 演算法
☐ Pandas最強入門		📄 matplotlib大數據視覺化
		📄 OpenCV影像視覺
備註		

15-1　先前準備工作

請參考 15-1-1 節至 15-1-3 節建立 3 個獨立的頁面。

15-1-1　寫作計畫頁面

請建立下列寫作計畫頁面。

1：請點選 + Add a page 新增加頁面。

2：將 Untitled 改為寫作計畫。

3：請用 Heading 3 格式建立下列 3 段資料。

4：請設定未來寫作計劃色彩 Color 是 Orange background。

5：請設定今年完稿色彩 Color 是 Blue background。

6：請設定備註色彩 Color 是 Pink background。

寫作計畫

未來寫作計畫
今年完稿
備註

7：請將滑鼠游標移到今年完稿左邊的圖示 ⠿ ，拖曳到未來寫作計畫右邊直到出現垂直藍色線條，再放鬆滑鼠按鍵。

未來寫作計畫

備註

8：可以建立 2 欄資料。

未來寫作計畫　　　　　　　　今年完稿

9：請將滑鼠游標移到為未來寫作計畫左邊的圖示 ＋ ，按一下，然後執行 To-do list。

10：請重複 2 次執行步驟 9，可以得到下列結果。

未來寫作計畫　　　　　　　　今年完稿
☐ To-do
☐ To-do
☐ To-do

11：請在 To-do 區塊分別輸入 C# 最強入門、C++ 最強入門、Pandas 最強入門的資料，下列是整個執行結果。

寫作計畫

未來寫作計畫　　　　　　　　今年完稿
☐ C#最強入門
☐ C++最強入門
☐ Pandas最強入門

備註

15-1-2　C 語言頁面

請建立下列 C 語言頁面，註：如果忘記建立方式，可以參考 6-8 節。

15-1-3　演算法頁面

請建立演算法頁面，其實可以用複製方式處理，首先讀者可以點選 C 語言標題右邊的圖示 ⋯，再執行 Duplicate，可以得到 C 語言 (1)，請將標題 C 語言 (1) 改為演算法，同時修改書籍資料內容，可以得到下列結果。

在圖片欄位右上方可以看到圖示 ⋯，點選然後執行 replace。

出現下列對話方塊。

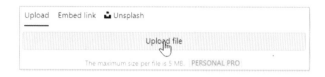

　　請點選 Upload file，會出現開啟對話方塊，請選擇 ch15 資料夾的演算法 .jpg，按
開啟鈕，可以得到下列結果。

15-2　母子頁面

　　所謂的母子頁面是指一個頁面在另一個頁面內部，有 2 種方式建立母子頁面，這
一節將分成兩個小節說明。

　　Notion 使用久了，一定會有許多頁面，建議可以將相關的頁面使用使用母子頁面方式處理，可以讓整個頁面目錄區變得比較簡潔。

　　註 Notion 的內建範本大都使用這種方式建立頁面範本內容。

15-2-1　拖曳頁面

　　假設想將 C 語言轉為寫作計畫的子頁面，請在頁面目錄區拖 C 語言標題到寫作計畫標題。

　　註 不可以出現水平藍色線條。

　　完成後，C 語言標題會消失，但是按一下寫作計畫左邊的展開圖示 >，可以看到 C 語言已經成為寫作計畫的子頁面了。

　　完成上述將 C 語言頁面轉為寫作計畫的子頁面後，回到寫作計畫頁面，可以看到 C 語言頁面將出現在寫作計畫頁面的最下方。

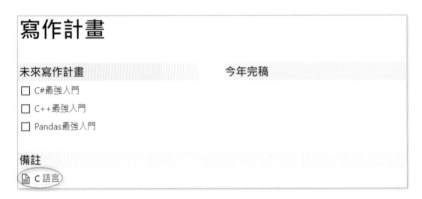

15-2-2　使用 Move to 指令

現在想將演算法轉為寫作計畫的子頁面，請在將滑鼠游標指向演算法標題右邊的圖示 ，按一下，然後執行 Move to。

會出現選擇頁面框，請點選寫作計畫頁面，最後可以得到演算法也成為寫作計畫的子頁面了。

完成上述將 C 語言頁面轉為寫作計畫的子頁面後，回到寫作計畫頁面，可以看到 C 語言頁面將出現在寫作計畫頁面的最下方。

15-2-3　編輯子頁面位置

我們也可以將子頁面當作區塊，拖曳更改位置，請將滑鼠游標移到 C 語言左邊的圖示 ，拖曳到今年完稿區塊下方，直到出現水平藍色線條。

放開滑鼠按鍵後可以得到下列移動結果。

使用相同方法拖曳演算法區塊到 C 語言區塊下方，可以得到下列結果。

![寫作計畫 頁面]

未來如果點選子頁面，可以進入子頁面，例如：如果點選 C 語言頁面，可以進入 C 語言頁面，頁面左上方會列出頁面路徑，如下所示：

C 語言頁面是寫作計畫頁面的子頁面，寫作計畫頁面是 C 語言頁面的父頁面，如果要回到寫作計畫頁面，可以將滑鼠游標移向寫作計畫，如下所示：

然後按一下，就可以回到寫作計畫頁面。

15-3　獨立頁面的連結

　　兩個獨立頁面之間也可以連結，有兩種方式處理獨立頁面的連結，本節將詳細解說。

15-3-1　先前準備工作

　　請建立下列 matplotlib 大數據視覺化頁面，註：如果忘記建立方式，可以參考 6-8 節。

matplotlib大數據視覺化

書籍資料

出版社：深智數位

頁數：536頁

印刷：彩色

然後建立 OpenCV 影像視覺頁面。

OpenCV影像視覺

書籍資料

出版社：深智數位

頁數：680頁

印刷：彩色

15-3-2　使用 @ 符號建立兩個獨立頁面的連結

請進入寫作計畫頁面，將滑鼠游標移到演算法區塊下方按一下，可以看到新增一個區塊。

請輸入 @ ，接著選擇 matplotlib 大數據視覺化，可以得到下列結果。

15-3-3　複製連結然後貼上

假設現在要在寫作計畫頁面建立 OpenCV 影像創意頁面的連結，步驟如下：

1：請先點選 OpenCV 影像創意頁面，進入此頁面。

2：點選 OpenCV 影像創意頁面右邊的圖示 ⋯ ，執行 Copy link，這個動作可以拷貝此頁面的連結網址。

3：切換到寫作計畫頁面。

4：在 matplotlib 大數據視覺化下方增加一個區塊，將滑鼠游標放在此區塊按一下。

5：同時按 Ctrl + v，可以將連結複製到此區塊。

6：請執行 Link to page，最後可以得到下列連結結果。

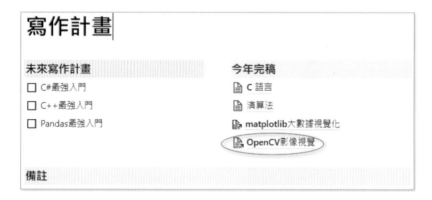

15-4　反向連結 backlink

15-4-1　認識反向連結

　　未來點選寫作計畫頁面內 OpenCV 影像視覺頁面連結，可以進入 OpenCV 影像視覺頁面，因為是獨立的頁面，所以在頁面上方顯示是一個頁面名稱，不是一個頁面路徑。

同時在頁面標題位置下方可以看到 ↙ 1 backlink ，這是反向連結，點選可以返回主頁，也就是寫作計畫頁面。在 backlink 左邊看到 1，這是反向連結編號，因為一個頁面可以有多個頁面進行連結，所以 Notion 在設計反向連結功能時增加了編號設計。

15-4-2　反向連結的設計

請進入有反向連結的頁面，此例，請進入 OpenCV 影像視覺頁面，請按一下頁面有上方的圖示 •••，然後執行 Customize page，可以看到下列畫面。

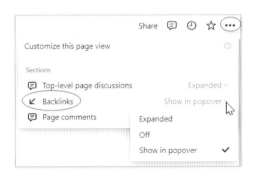

請點選 backlinks 可以看到反向連結有 3 種顯示方式：

Expanded：完整顯示反向連結的頁面。

Off：不顯示 backllinks。

Show in popover：這是目前 backlinks 的顯示方式。

下列是設定 backlinks 為 Expanded 的結果畫面。

讀者可以將上述結果和 15-4-1 節的結果做比較。

第 16 章
資料庫連結與檢視

在設計頁面時，可以增加資料庫的連結，這將是本章的重點，讀完本章讀者可以建立下列頁面。

16-1　先前準備工作

請參考 15-1 節觀念，讀者應該有能力建立下列頁面。

請點選右上方的圖示 •••，設定上述頁面為寬版面，如下所示：

16-2 建立資料庫連結

當我們在 Notion 建立資料庫後，Notion 系統會記住你所建立的資料庫，未來如果我們想要建立資料庫連結時，所建立的資料庫會自動跳出，供我們做選擇。下列是將第 10 章建立的著作列表資料庫，連結到寫作計畫與出版列表的實例。

1：將滑鼠游標移到我的著作左邊的圖示 ＋ ，按一下。

2：然後點選 Linked view of database。

3：可以看到 Select data source 對話方塊。

4：可以得到下列插入結果。

5：請按資料庫右上方的關閉圖示 ×，可以完整的顯示資料庫。

16-3　篩選資料庫的內容

16-3-1　篩選書籍類型

下列是篩選程式語言類型的實例。

1：將滑鼠游標移至資料庫右上方的 Filter。

2：請點選 Filter，然後點選類型，如上所示：

3：請選程式語言，如下所示：

4：可以得到下列篩選結果。

16-3-2　取消篩選

如果要取消 16-3-1 節的篩選，可以刪除此篩選，下列是實例。

1：將滑鼠游標移到圖示 類型: 程式語言 ，按一下。

2：將滑鼠游標移到右上方的的圖示 … ，按一下，然後執行 Delete filter。

3：可以得到下列取消篩選的結果。

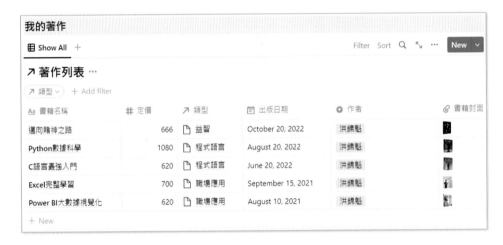

16-3-3　日期的篩選

數字或是日期屬性也可以篩選，下列是篩選 2022 年 1 月 1 日以前的著作。

1：按一下資料庫右上方的 Filter。

2：點選出版日期。

3：點選出版日期 is 右上方的圖示 … ，然後執行 Add to advanced filter。

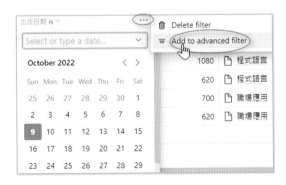

4：筆者選擇 is before。

5：選擇 2022 年 1 月 1 日。

6：可以得到下列只顯示 2022 年 1 月 1 日以前的著作。

16-4 版面設計

這一節的實例主要是我的著作下方增加兩個欄位的版面，其中左邊版面是資料庫的著作列表，右邊版面是深智的 Logo。

1：將滑鼠游標移至我的著作左邊的圖示 ＋ ，按一下，選擇 Heading 3。

2：請在 Heading 3 區塊輸入深智數位。

3：請點選深智數位左邊的圖示 ⋮⋮ ，按一下，然後執行 Color/Blue background。

4：將我的著作與深智數位處理成 2 個欄位，所以將滑鼠游標移至深智數位左邊的圖示⠿，拖曳到我的著作右邊直到出現垂直藍色線，可以得到下列結果。

5：將滑鼠游標移至資料庫 Show All 左邊的圖示⠿，拖曳到我的著作下方直到出現水平藍色線條。

6：可以得到下列結果。

7：將滑鼠游標移到深智數位左邊的圖示 ＋ ，按一下，選擇 Image。

8：出現下列對話方塊。

9：點選 Upload file，然後請選擇 ch16 資料夾的 logo.jpg，可以得到下列結果。

其實也可以將深智公司的 Logo 縮小，最後可以得到下列結果。

註　筆者在深智數位下方增加一個空白區塊。

第 17 章

檔案的分享

筆者寫作已經很久了，每當完成一本書籍著作，是開心的事，交稿過程隨著軟硬體的進步而有不同，下列是幾個時期的演變。

1：寫作完成，開車到台北抱著一堆稿紙到出版社交稿。

2：將稿件存至 Word 檔案，用磁碟交稿。

3：稿件檔案很大用光碟片交稿。

4：放在雲端分享。

將稿件檔案存至 Notion 頁面，複製頁面網址，將頁面網址給出版社編輯，請編輯下載稿件檔案，其實我們也可以將此稱雲端分享。特別是筆者在北京清華大學出版許多書籍，也都是借用這個方式交稿。

其實第 13 章已經有說明上傳與下載 PDF 檔案的方法，這一節將以 Word 做實例解說。

17-1　先前準備工作

請建立下列著作分享頁面。

17-2　上傳要分享的檔案

這一節筆者所使用的實例是 Word 檔案，其實也可以應用到使用 Image、Video、Audio、File 插入其他類型的檔案。下列是插入 ch17 資料夾 20221010 洪錦魁簡介 .docx 的實例。

1：滑鼠游標點選作品分享左邊的圖示＋，按一下。

2：執行 File。

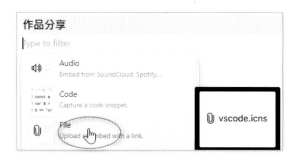

3：可以看到下列對話方塊。

4：請點選 Choose a file，可以看到開啟對話方塊，請選擇 ch17 資料夾的
20221010 洪錦魁簡介 .docs，然後按開啟鈕。

5：最後看到下列結果，表示上傳 Word 檔案到 Notion 成功了。

17-3　分享頁面網址

假設上述 20221010 洪錦魁簡介 .docs 檔案是要分享給編輯，此編輯的電子郵件
如下：

deepmind0120@gmail.com

此實例步驟如下：

1：請將滑鼠游標移到頁面右上方的 Share。

2：按一下，然後請設定 Share to web，表示設定有此頁面連結的人皆可以分享瀏覽。

3：然後執行 Copy link，這是拷貝頁面網址到剪貼簿。

17-4　使用電子郵件傳遞分享頁面

下列是筆者使用 Gmail 寄送頁面給 deepmind0120@gmail.com 的實例。

17-5 接收方取得檔案

下面是 deepmind0120@gmail.com 收到的電子郵件畫面。

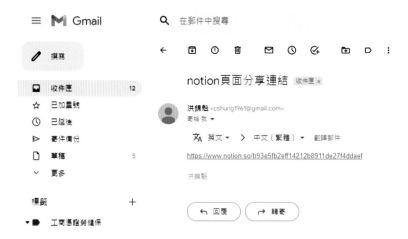

請點選上述連結網址,因為此網址的頁面已經分享了,所以將看到下列畫面。

點選上述網址就可以進入上述網址的頁面,所以可以看到下列頁面內容。

點選上述檔案,就可以下載,然後在瀏覽器左下方看到下載的結果。

第 18 章
頁面分享與團隊作業

　　這一章是講解頁面分享的團隊作業，研讀完本章讀者可以完成下列團隊合作的頁面。

18-1　先前準備工作

　　請建立深智出版工作表頁面，然後請參考第 8 章在此頁面建立 Database – Inline 資料庫，然後讀者需自行建立與輸入資料，幾個屬性如下：

書籍名稱

交稿日期，**屬性型態是** Date。

上市日期，**屬性型態是** Date。

作業時間，**屬性型態是** Formula。

所建立的資料庫內容如下：

上述頁面幾個格式設定如下：

1：採用寬版面 Full width 。

2：交稿日期和書籍上市屬性型態是 Date。

3：作業時間屬性型態是 Formula。

18-2 邀請團隊成員

這一節主要是邀請公司同事共同編輯上述頁面，邀請同事的電子郵件如下：

deepmind0120@gmail.com
jiinkwei@me.com

1：請將滑鼠游標移到頁面右上方的 Share。

2：按一下，可以看到下列畫面。

3：請輸入 deepmind0120@gmail.com 。

4：請按 Invite，可以看到下列畫面。

5：請輸入 jiinkwei@me.com ，再按 Invite，可以得到下列結果。

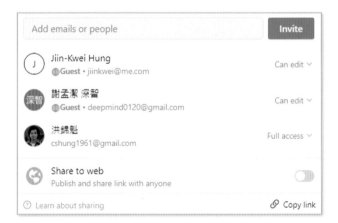

18-3 設定團隊成員工作的權限

在每一個成員的右邊可以看到 Can edit 字串，點選可以看到權限，如下所示：

從上述可以看到有下列權限可以設定：

❑ Full access：可以編輯同時與他人共享，註：必須是個人專業版才有此功能。

❑ Can edit：可以編輯，但是無法和他人分享，這是預設權限。

❑ Can comment：可以加評論，但是無法編輯。

❑ Can view：只可以瀏覽，無法編輯和分享。

初次使用建議可以使用上述預設。

18-4 檢視頁面目錄區

當深智出版工作表頁面建立上述分享後，在左側欄可以看到 Shared 目錄區，已經分享的深智出版工作表頁面，會在此區出現。

18-5　團隊成員的螢幕

18-5-1　受邀者的螢幕

團隊成員被邀請後，會收到 Notion 發出的電子郵件，下列是電子郵件的示範畫面。

點選 Click here to view it，可以進入此分享協同作業的頁面。

螢幕左上方會出現分享者的名字。

18-5-2　邀請者的螢幕與瞭解成員最近瀏覽時間

　　邀請者可以在頁面右上方檢視，手邀者是否開啟電子郵件，和進入此網頁。下列是筆者的頁面出現 3 個人圖示，表示受邀者皆已經開啟此頁面了。

　　我們可以將滑鼠游標指向上述成員，即可以看到對方最近瀏覽此頁面的時間，由此可以知道成員是否專心此合作項目。

18-6　Add comment

18-6-1　基本觀念

　　將滑鼠游標放在標題上，可以在上方看到 Add comment，這是可以在此頁面增加評論。下列是筆者先按 Add comment，再輸入評論，然後 deepmind0120.gmail.com 點 Add comment 按鈕，也加上評論的結果。

18-6-2 特別通知某個成員

如果要特別通知某個成員，可以輸入 @，然後選擇成員名稱，Notion 會將你的評論傳給該成員，例如：下列是通知 Jiin-Kwei Hung 訊息。

Jiin-Kwei Hung 就會收到下列電子郵件通知。

18-6-3 刪除評論

如果要刪除評論，可以將滑鼠游標移到評論右邊的圖示 ⋯，按一下，然後執行 Delete comment。

可以看到下列需要再確認的訊息。

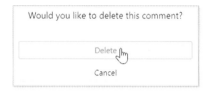

請按 Delete，即可刪除評論。

18-7 編輯資料庫內容

假設 jiinkwei@me.com 在資料庫輸入 Notion－打造高效工作術資料，剛開始所輸入的資料左邊會註明編輯者的名稱。

出版部門 ⋯

Aa 書籍名稱	📅 交稿日期	📅 上市日期	Σ 作業時間
Python數據科學	2022/06/10	2022/08/19	
演算法－圖解邏輯思維	2022/07/20	2022/12/09	
Ⓙ Notion－打造高效工作術	2022/10/10	2022/11/01	

現在所有團隊成員的 Notion 皆可以看到上述編輯資料。

18-8 計算作業時間

下列是 deepmind0120@gmail.com 將滑鼠游標放在作業時間下方儲存格，然後輸入 datebetween( ) 函數的實例。

上述輸入完後，請按右邊的 Done，可以得到計算書籍從交稿到上市所需時間。

出版部門 …			
Aa 書籍名稱	📅 交稿日期	📅 上市日期	∑ 作業時間
Python數據科學	2022/06/10	2022/08/19	70
演算法 - 圖解邏輯思維	2022/07/20	2022/12/09	142
Notion - 打造高效工作術	2022/10/10	2022/11/01	22

上述 dateBetween( ) 函數參數意義如下：

dateBetween(end, start, "days")

第 1 個參數 end 是結束日期，第 2 個參數 start 是開始日期，第 3 個參數 days 是代表日期數，最後回傳 start – end 的日期數。

18-9　Updates

當有協同作業時，可以在左側欄看到 Updates 頁面，這個頁面紀錄 Inbox、Following、All、Archived 等 4 個項目。

上述 4 個項目意義如下：

❑ Inbox：你建立的團隊合作項目皆會在此出現，同時也可以看到團隊每個人所寫的評論。

❑ Following：如果有協助編輯頁面，皆可以在此看到所做的項目。

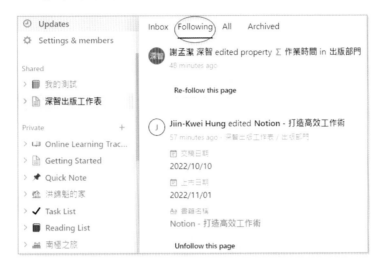

❑ All：所有編輯的動作皆會在此紀錄。

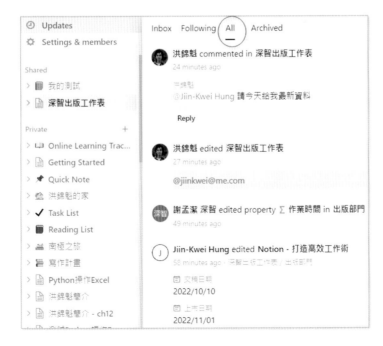

❏ Archived：當頁面不再需要放在 Inbox 時，可以進入 Inbox，按一下要移開頁
面右邊的圖示 ✕ ，如下所示：

上述頁面訊息就會移至 Archived。

18-10 認識訪客

透過邀請的方式，在 Notion 中是被定位為訪客 (Guest)，讀者可以點選左側欄的
Settings & members。

然後再點選 Guests，可以看到這一章所邀請的訪客。

訪客右邊可以看到目前可以編輯的頁面數。

> **註** Jiin-Kwei Hung 可以編輯的頁面數是 2，因為有一頁是筆者先做測試。

如果要刪除 deepmind0120@gmail.com 的編輯權限，可以在此刪除，請點選右邊，如下所示：

可以看到下列需要再次確認的對話方塊。

請按 Remove，就可以刪除 deepmind0120@gmail.com 的編輯權限，回到深智出版工作表頁面可以看到合作編輯只剩下 jiinkwei@me.com 了。

附錄 A
縮短網址產生器

A-1：bitly.com 網站

A-2：ssur.cc 網站

從前面章節可以看到，每一個頁面的網址皆是非常長，為了要將網址複製到瀏覽程式，最好是用複製的方式。如果一定要用輸入網址方式，極容易出錯，不過現在有縮網址的服務網站，可以將冗長的網址貼上，這個網站可以回傳一個短網址，非常方便。

A-1　bitly.com 網站

請輸入下列網址：

https://bitly.com/

然後在網頁指定位置貼上所複製的網頁網址，如下所示：

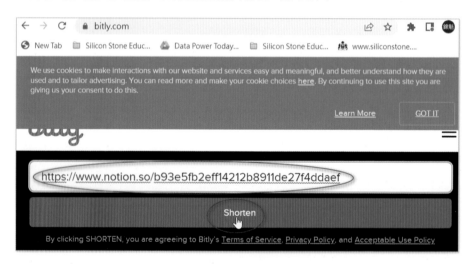

請點選 Shorten，可以得到縮短網址的結果。

上述只要按 Copy 鈕，就可以複製短網址了，扣除該公司網站，只用了 7 個字元當作網址。

A-2　ssur.cc 網站

這也是一個縮短網址的網站,更重要是可以同時產生 Qrcode,請輸入下列網址:

https://ssur.cc

請按縮短鈕,可以得到縮短的網址和 QRcode 二維條碼,下列是執行結果。

　　上述縮短網址,扣除該公司網站,需用 9 個字元當作網址,不過這個網站有提供 QRcode 二維條碼,非常便利。